C.H.BECK ◼ WISSEN

in der Beck'schen Reihe
2059

Afrika war die Wiege der Vor- und Urmenschen; es gibt keinen einzigen Fossilienfund aus irgendeinem Teil der Welt, der dies widerlegen könnte. Daher steht dieser Kontinent im Zentrum der Wissenschaft von den fossilen Menschen, der Paläoanthropologie. Ihre Fachvertreter versuchen, unter häufig schwierigsten Arbeitsbedingungen die Stammesgeschichte des Menschen zu rekonstruieren. Sie brauchen eine fundierte wissenschaftliche Ausbildung, eine schier unendliche Geduld, um die Reste unserer Vorfahren aufzuspüren und zu bergen, modernste Technik, um sie zu untersuchen, und ein gut ausgebildetes Kombinationsvermögen, um das Puzzle zusammenzusetzen, aus dem sich ein zusammenhängendes Bild unserer eigenen Urgeschichte ergeben soll. Wo und wie Paläoanthropologen arbeiten, welche Erkenntnisse sie bislang gewonnen haben und welche neuen Fragen sich aus den Resultaten ihrer Forschung für den modernen Menschen ergeben, wird in dem vorliegenden Band verständlich und spannend geschildert.

Friedemann Schrenk, geboren 1956, ist Privatdozent für Paläontologie und Stellvertretender Direktor des Hessischen Landesmuseums Darmstadt, er leitet dort die geologisch-paläontologische und mineralogische Abteilung. Als derzeit einziger deutscher Wissenschaftler verfolgt er auf Feldforschungen in Afrika die Spuren der Vor- und Frühmenschen. Als Gründungsmitglied der URAHA-Stiftung unterstützt er zudem gezielt Ausbildung und Arbeit afrikanischer Wissenschaftler auf dem Gebiet der Paläoanthropologie, um Pflege und Bewahrung des einzigartigen natürlichen und kulturellen Erbes der Entwicklungsgeschichte des Menschen auf dem afrikanischen Kontinent zu fördern.

Friedemann Schrenk

DIE FRÜHZEIT DES MENSCHEN

Der Weg zum Homo sapiens

Verlag C.H. Beck

Mit siebzehn Abbildungen im Text

Die Deutsche Bibliothek – CIP-Einheitsaufnahme

Schrenk, Friedemann:
Die Frühzeit des Menschen : der Weg zum Homo sapiens /
Friedemann Schrenk – Orig.-Ausg. – München : Beck, 1997
    (Beck'sche Reihe ; 2059 : C.H. Beck Wissen)
    ISBN 3 406 41059 6
NE: GT

Originalausgabe
ISBN 3 406 41059 6

Umschlagentwurf von Uwe Göbel, München
© C. H. Beck'sche Verlagsbuchhandlung (Oscar Beck), München 1997
Gesamtherstellung: C.H. Beck'sche Buchdruckerei, Nördlingen
Gedruckt auf säurefreiem, alterungsbeständigem Papier
(hergestellt aus chlorfrei gebleichtem Zellstoff)
Printed in Germany

Inhalt

„Was wir als Anfänge glauben nachweisen zu können,
sind ohnehin schon ganz späte Stadien"

Jacob Burckhardt
(Weltgeschichtliche Betrachtungen, Einleitung)

Vorwort:
Grenzen paläoanthropologischer Erkenntnis

Die Paläoanthropologie, die Wissenschaft von den fossilen
Menschen, untersucht die Faktoren und Prozesse der Menschwerdung in ihrem räumlichen und zeitlichen historischen Zusammenhang. Weil sich aus den Ergebnissen der beteiligten
Wissenschaften aber oft nur Indizien – wenn auch meist gut
begründete – für die Evolution des Menschen ergeben, können in der Paläoanthropologie keine Aussagen im Sinne eines
Richtig-Falsch-Schemas erwartet werden, sondern lediglich
Hypothesen, die wahrscheinlicher sein können als andere.

Die Paläoanthropologie arbeitet mit naturwissenschaftli-
chen Methoden, ist aber dem Wesen nach historisch ausgerichtet. Die einzigen harten Beweise für die Stammesgeschichte des Menschen sind fossile Überreste, die aber nur äußerst
spärlich zur Verfügung stehen. Fossilien tragen außer ihrer
stummen Anwesenheit nichts zu ihrer Interpretation bei. Je
nachdem, wer sich wann, wo und wie daran versucht, unterscheiden sich die Resultate erheblich: Das jeweilige wissenschaftliche und kulturelle Weltbild des Rekonstrukteurs,
ideologische und religiöse Parameter bestimmten und bestimmen weithin das Ergebnis.

Fossilien sind tote Überreste ehemaliger Lebewesen, meist
Knochen oder Zähne. Mit ihrer Interpretation beschäftigt sich
die Wissenschaft der Paläontologie. Hypothesen zu historischen Vorgängen sind immer im weitesten Sinne Rekonstruktionen. Der geistige Vorgang des Rekonstruierens wird durch
Vorbedingungen und Vor-Urteile geführt. Rekonstruktion ist

aber auch eine Art Denk-Spiel, bei dem alle Gedanken zunächst zugelassen sind. Welche als Argumente taugen, ergibt sich aus ihrer logischen Abwägung im Vergleich mit anderen Gedanken und bereits bestehenden Argumenten. Diese Modellbildung ist eine Annäherung an den Zustand innerer Logik und Geschlossenheit der jeweiligen Hypothese unter den von uns festgelegten Vorbedingungen.

In der Regel sind Knochen und Zähne überliefert, die als härteste Bestandteile des Organismus oft gut fossilisieren, falls die geologischen Voraussetzungen hierfür überhaupt gegeben sind. Es fehlen alle organischen Bestandteile, also beispielsweise Nervenzellen, Muskeln, Blutgefäße, Organe. Es gibt keine Hinweise auf physiologische Vorgänge. Auch soziale Verhaltensweisen und Traditionen sind ebensowenig fossilisationsfähig wie Emotionen, etwa Schmerz und Freude, ästhetisches Empfinden oder das Lachen eines Kindes. Auch die Sprache fossilisiert nicht, höchstens anatomische Merkmale der Sprechfähigkeit. Schon allein unter diesen Gesichtspunkten ist der paläontologische Erkenntnishorizont begrenzt und die Evolution des Menschen von der Paläoanthropologie nur unvollständig nachzuzeichnen.

Von einer historischen Wissenschaft, die ohne Urkunden oder überlieferte Objekte mit Inschriften aus historischen Epochen auskommen muß, mehr zu fordern, wäre vermessen. Schon jeder neue Fossilienfund kann aber zu neuen Hypothesen zur Stammesgeschichte des Menschen führen. Daher gibt dieses Buch einen Einblick in die Fragestellungen der modernen Paläoanthropologie und zeigt, wie Hypothesen zur Evolution des Menschen entwickelt und getestet werden können.

Afrika war die Wiege der Vor- und der Urmenschen; es gibt keinen einzigen Fossilienfund aus irgendeinem anderen Teil der Welt, der dies widerlegen könnte. Für *Homo erectus* ist der Ursprung in Afrika belegt, und für die modernen Menschen ist er sehr wahrscheinlich. Daher verdient der afrikanische Kontinent auch die besondere Beachtung, die ihm in diesem Buch zuteil wird.

Wege der Hominiden-Forschung

Die moderne Paläoanthropologie basiert auf der Evolutionstheorie und bewegt sich innerhalb der Grenzen der biologischen und geologischen Wissenschaften. Ihr Arbeitsgebiet
reicht von den anatomischen und funktionellen Merkmalen
bis zu der dem Menschen eigenen Kulturfähigkeit. Ein Test
für die Wahrscheinlichkeit der im Hinblick auf diese Unter-
suchungsfelder aufgestellten jeweiligen Hypothesen sind die
Fossilienfunde, die, wenn auch lückenhaft, es in ihrer Gesamt-
heit erlauben, die Evolution des Menschen nachzuzeichnen.

Expeditionen in die Vergangenheit: Gelände- und Laborarbeiten

Trotz aller Funde fossiler Menschenreste fehlen im Puzzle der
Stammesgeschichte der Hominiden mehr als 99,99 Prozent
der Teile, die unsere Herkunftsgeschichte vollständig belegen
könnten. Statistisch gesehen, steht zur Rekonstruktion von
100 Generationen nicht mehr als ein fossiles Knochen- oder
Zahnfragment zur Verfügung. Die fossilen Funde sind zeitlich
und räumlich nicht gleichmäßig verteilt, es gibt gravierende
Fundlücken. Diese können nur langsam durch paläoanthropologische Feldforschung geschlossen werden. Die aufwendigen
und daher teuren Expeditionen bedürfen gründlicher fachlicher
und administrativer Vorbereitungen (zum Beispiel: Einholung
der Arbeitserlaubnis im Gastland), die zum Teil mehrere Jahre
beanspruchen.

Das Zielgebiet einer geplanten Expedition sollte zumindest
drei Voraussetzungen erfüllen: 1. muß damit gerechnet werden können, daß in der interessierenden geologischen Zeit-
spanne in diesem Gebiet Vor- oder Urmenschen gelebt haben,
2. müssen dort damals Möglichkeiten der Fossilerhaltung
vorgelegen haben, und 3. müssen die potentiell fossilhaltigen
Sedimentgesteine heute oberflächlich freiliegen oder zum Beispiel in Höhlen zugänglich sein.

Die ein- bis mehrmonatigen Geländeaufenthalte sind meist auf die regenfreien Zeiten begrenzt, in weiten Teilen Afrikas sind dies die Monate März bis November. Da die Einrichtung eines Forschungscamps vor allem in unzugänglichen Gebieten oft schwierig und der Dauerbetrieb zu teuer ist, finden die Arbeiten der beteiligten Wissenschaftler, seien es Sedimentologen (untersuchen Beschaffenheit und Bildung der fossilführenden Schichtlagen), Tektoniker (untersuchen die großräumige strukturelle Geologie eines Gebietes), Paläontologen oder Datierungsspezialisten, im Team statt. Dies hat den Vorteil, daß neu dokumentierte Fundstellen sofort im notwendigen Detail analysiert werden können. Die Dokumentation einer Fossilienfundstelle hat vor allem sicherzustellen, daß Funde exakt geographisch, zeitlich und im geologischen Verband lokalisiert werden. Funde ohne entsprechende Fundortangaben sind wissenschaftlich nahezu wertlos.

Die potentiellen Fundgebiete werden häufig nach typischen Erosionserscheinungen in Luftbildern vordefiniert und dann mit Hilfe von Satelliten-Navigationsgeräten in Geländefahrzeugen oder zu Fuß angesteuert. Je nach Vegetationsbedingungen wird die Oberfläche in Teams von bis zu 30 Helfern systematisch Zentimeter für Zentimeter nach Fossilresten abgesucht, die durch die Verwitterung des umgebenden Gesteins freiliegen. *Paläontologische* Grabungen finden statt, wenn die oberflächliche Funddichte sehr hoch ist oder wenn weitere Bruchstücke eines besonders wichtigen Fossils zu erwarten sind. Werden Artefakte (von Menschen geschaffene Gegenstände, zum Beispiel bearbeitete Steine) angetroffen, finden *archäologische* Grabungen statt. Je nach Erhaltungszustand der größeren Fossilien müssen sie bereits an der Fundstelle, zum Beispiel durch das Aufbringen einer Gipsmanschette vorläufig konserviert werden. Bei Grabungen wird das fossilführende Sediment mit Wasser aufgeweicht und, in dieser Weise gelöst, durch mehrere Siebgrößen geschlämmt, um Reste von Kleinsäugern und anderen mit bloßem Auge kaum sichtbaren Fossilien sicherzustellen.

Alle geborgenen Stücke werden mit Fundnummern versehen. Die Katalogbezeichnungen geben meist die sammlungsverwaltende Institution und die Fundregion wieder. So bezeichnet zum Beispiel in der Katalognummer KNM-ER 1470 für einen *Homo rudolfensis*-Schädel (Abb. 8) vom Ostufer des Turkana-Sees KNM die Institution *Kenya National Museums*, ER die Fundregion *East Rudolf* (heute East Turkana) und 1470 die laufende Inventarnummer.

Die Präparation der Fossilienfunde erfolgt im Labor. Die umgebenden und manchmal sehr harten Sedimentschichten müssen entfernt und die Reste haltbar gemacht werden. Da alle Fossilien einzigartig sind, werden unmittelbar nach der Präparation Abgüsse erstellt, um die Folgen eines möglichen Verlustes des Originals abzuschwächen.

Die weiteren Untersuchungsmethoden ergeben sich aus dem Zustand des Objektes, aus den Fragestellungen der Bearbeiter und aus den jeweiligen technischen Möglichkeiten. So gehört die Computertomographie (zur Darstellung von im Knochen gelegenen Strukturen, zum Beispiel Zahnwurzeln oder Innenohr) heute zur Standarduntersuchung an Hominiden-Resten. Auch das Rasterelektronenmikroskop kommt häufig zum Einsatz, beispielsweise bei der Untersuchung der Mikroanatomie des Zahnschmelzes. Allerdings ist die Grundlage auch heute noch die detaillierte Vermessung anhand vorgegebener Meßstrecken. Für die seither bekannten Hominiden-Reste sind allein fast 700 solcher Parameter, wie Längen, Breiten, Flächen, Winkel von anatomischen Strukturen und Proportionen dieser Werte zueinander festgelegt.

Fossilienfundstellen: Geologie und Datierung

Die Entstehung von Fossilienlagerstätten ist an die lokalen geologischen Bedingungen geknüpft. Nur wenn ein Ablagerungsgebiet zur Verfügung steht, in dem dort zerfallende oder antransportierte Skelettreste von Sediment überlagert und so vor der weiteren Verwitterung geschützt werden, kann der Fossilisationsprozeß in Gang kommen. Potentiell gute Sedi-

Abb. 1: Wichtige Hominiden-Fundstellen in Afrika

mentationsgebiete sind große, langsam absinkende Becken, wie sie beispielsweise im ostafrikanischen Grabenbruch (*Afrikanisches Rift*, Abb. 1) durch das Auseinanderdriften der kontinentalen Erdkruste entstehen.

Eine Freilegung fossilführender Schichten kann auch durch den gezielten Abbau umgebenden Gesteins erfolgen. Ziel solcher teuren Operationen sind allerdings nicht die nur wissenschaftlich wertvollen Fossilien, sondern die Gewinnung kommerziell nutzbarer Bodenschätze oder Gesteine. So waren die Hominidenfunde in Südafrika deshalb möglich, weil der in den fossilen Höhlen Transvaals enthaltene Travertin, ein fast reiner Kalkstein, als Baumaterial Verwendung fand. Die primären Höhlen Südafrikas befinden sich in mehr als 2 Milliarden Jahre altem Dolomitgestein. Sie wurden vor wenigen Millionen Jahren zuerst mit unter der Grundwasser-Oberfläche ausfallendem Travertin und später mit Sedimenten und Knochenresten von außen aufgefüllt. Als der Travertin zu Beginn des Jahrhunderts bergmännisch abgebaut wurde, blieb eine heute begehbare Aushöhlung entlang der Grenzen der mit Calcit verfestigten übrigen Höhlenfüllungen zurück.

Nur die Tatsache, daß das Fossilisationspotential im afrikanischen Grabensystem sehr hoch ist und die südafrikanischen Höhlenfüllungen teilweise kommerziell verwertbar waren, ist für die derzeitige Fundlage verantwortlich. Geologische Exploration, vor allem auch in den zahlreichen Höhlen- und Karst-Gebieten Afrikas, ist daher die Grundlage für die weitere Entdeckung neuer Hominiden-Fundstellen.

Die fossilen Reste werden spätestens durch ihre Bergung aus dem ursprünglichen geologischen Zusammenhang entfernt. Allerdings kann dies auch schon vorher durch Umlagerung oder Erosion einer Fundschicht geschehen. Für die zeitliche Einstufung der geborgenen Fossilien muß daher ihre ursprüngliche Lage in der geologischen Schichtfolge (*Stratigraphie*) rekonstruiert werden. Die im Fundgebiet vorliegende Stratigraphie wird anhand geologischer Profile ermittelt und beschreibt den sedimentologischen Aufbau der geologischen Schichten. Hieraus läßt sich die Beschaffenheit (*Fazies*) des ursprünglichen Ablagerungsraumes durch einen bestimmten Zeitraum hindurch erschließen. Da im Normalfall verschiedene Faziestypen in derselben Schicht nebeneinanderliegen, beispielsweise Flußgerölle in ehemaligen Flußbetten neben Siltsteinen in ehemaligen Überschwemmungsgebieten, wird neben dieser Abfolge der Gesteinsschichten (*Lithostratigraphie*) das Konzept der *Biostratigraphie* angewendet: Durch vergleichbaren Organismeninhalt können lithologisch unterschiedliche Schichten des Fundgebietes zueinander in Beziehung gesetzt werden. Nach ähnlichem Prinzip, aber auf kontinentaler Ebene, werden Vergleiche des Vorkommens von Tierarten (Faunenvergleich) für relative Altersdatierungen benutzt.

Die Benennung der geologischen Muttergesteine der Fossilfundstellen erfolgt nach internationalen Richtlinien meist als geologische Formation mit Untereinheiten, oft *Unit* oder *Member* benannt. Sind in den Fundschichten die fossilführenden Einheiten durch Aschen- oder Tufflagen ehemaliger Vulkane voneinander getrennt, werden diese als Schichtgrenzen verwendet. Gleichzeitig können die Tuffe nach der von ihnen abgegebenen noch meßbaren Strahlung datiert werden (radiometrische Altersbestimmung) und geben so ein absolutes Mindestalter bzw. Höchstalter für die von der oberen bzw. unteren Tuffschicht umschlossenen, fossilführenden Lage an.

Absolute Altersbestimmungen beruhen darauf, daß radioaktive Isotope, die in kleinen Mengen in allen Stoffen neben den normalen Isotopen vorhanden sind, mit konstanten Raten zerfallen, unabhängig von Feuchtigkeit, Temperatur, Säuregehalt oder anderen äußeren Faktoren. Das am häufigsten verwendete Isotop ist Kohlenstoff 14 (14C), das durch Solarbeschuß der oberen Atmosphäre ständig neu gebildet wird. Während so im lebenden Organismus, etwa in Knochen, das Mengenverhältnis des 14C Isotops und der normalen 12C Isotope konstant bleibt, beginnt beim Tod eines Tieres der Zerfall der 14C Isotope in Stickstoff 14 (14N). Nach einer bestimmten Halbwertszeit (bei Kohlenstoff 5370 Jahre) ist nur noch die Hälfte der ursprünglichen 14C Menge vorhanden. Durch exakte Messung des Mengenverhältnisses in einem fossilen Knochen kann so das Alter des Fragments bestimmt werden, in der Praxis bis auf +– 20 Jahre genau. Wegen der geringen Halbwertszeit können Funde, die älter sind als ca. 50000 Jahre, mit 14C nicht datiert werden. In der Paläoanthropologie kommt daher dem Isotop Kalium 40 mit einer Halbwertszeit von ca. 1,3 Milliarden Jahren eine besondere Bedeutung zu. Da es nicht in Knochen, sondern in vulkanischen

Produkten vorkommt, können damit aber nicht die Funde selbst, sondern die in der Fundstelle darunter und darüberliegenden Gesteinslagen vulkanischen Ursprungs datiert werden.

Steht datierungsfähiges Material nicht zur Verfügung, werden relative Datierungsmethoden angewandt. Die Faunendatierung kommt dann in Betracht, wenn Fossilien gefunden werden, die einer sich rasch verändernden Tiergruppe angehören. In Afrika sind dies vor allem Schweine (*Suiden*). Deren dritte Backenzähne (*Molaren*) werden als Leitfossilien benutzt. Während diese Zähne vor ca. 5 Millionen Jahren noch generell breit und niederkronig waren, entwickelten sich in den verschiedenen Linien schmale hochkronige Zähne heraus, deren jeweiliger Entwicklungsgrad sich relativ gut durch einfache Meßmethoden darstellen läßt. Ist eine darauf begründete Biostratigraphie in einer Fundregion mit absoluten Altersdaten aus der radiometrischen Datierung umgebender Sedimente verknüpft, liefert sie auch für weiter entfernt liegende Fundregionen, in denen datierbare Sedimente fehlen, ungefähre Altersangaben, wenn die dort gefundenen Fossilien in die Biostratigraphie einfügbar sind.

Eine global anwendbare Datierungsmethode ist die Messung der magnetischen Polarität der in vielen Sedimenten enthaltenen Eisenpartikel. Ihre Richtungseinregelung entspricht der Ausrichtung des Erdmagnetfeldes zur Zeit der Sedimentablagerung. Da dieses im Laufe der Erdgeschichte häufig wechselte, konnte eine Magnetostratigraphie erarbeitet werden, die weltweit dieselben charakteristischen Zyklen aufweist. Eine örtliche Magnetostratigraphie paßt mit hoher Wahrscheinlichkeit nur in einen spezifischen Abschnitt der weltweiten Skala und trägt so zur Eingrenzung des Alters der untersuchten Schichten bei.

Die ältesten Gesteine der Erde sind weit über 3 Milliarden Jahre alt. Vor allem in Afrika sind sie weit verbreitet. Seit ca. 570 Mio. Jahren, dem Beginn des Erdaltertums (*Paläozoikum*) sind erhaltungsfähige Hartteile von Lebewesen bekannt, die ersten Fossilien. Landorganismen entstehen vor ca. 500 Millionen Jahren, erste Amphibien vor ca. 390 Millionen Jahren und erste Reptilien vor ca. 340 Millionen Jahren. Im Erdmittelalter (*Mesozoikum*) mit den Abschnitten *Trias* (225–195 Millionen Jahre), *Jura* (195–135 Millionen Jahre) und *Kreide* (135–65 Millionen Jahre) werden die Dinosaurier die beherrschenden Landlebewesen. Die Erdneuzeit (*Neozoikum*) beginnt vor ca. 65 Millionen Jahren mit dem großen Abschnitt des *Tertiär*, gefolgt vom *Quartär*:

Zeitalter	Einheit	Alter und Dauer
QUARTÄR	Holozän	10 000 J. bis heute
	Pleistozän	2–0,01 Millionen J.
TERTIÄR	Pliozän	5–2 Millionen Jahre
	Miozän	25–5 Millionen Jahre
	Oligozän	37–25 Millionen Jahre
	Eozän	58–37 Millionen Jahre
	Paleozän	65–58 Millionen Jahre

Das Pleistozän umfaßt in Europa das Eiszeitalter. Dessen Auswirkungen waren in Afrika weniger drastisch als in Europa, die heutige afrikanische Tierwelt unterscheidet sich wenig von der des *Pliozän*. In Afrika spricht man daher meist von einem einheitlichen *Plio-Pleistozän*. Die ersten Vormenschen entstanden am Ende des *Pliozän*. Das Alter der afrikanischen Hominiden-Fundstellen (Abb. 1) liegt zwischen ca. 5 Millionen Jahren und heute.

Vom lebenden Organismus zum Fossil

Die in wissenschaftlichen Sammlungen verfügbaren fossilen Tier- und Pflanzenreste wurden durch vielfältige Zerfalls- und Einbettungsprozesse seit dem Tod des ehemaligen Lebewesens verändert. Diese Vorgänge untersucht die *Taphonomie*, die Wissenschaft von der Einbettung und Fossilwerdung von Organismen. Die taphonomische Entwicklung verläuft über mehrere Stufen vom lebenden Tier über den Zerfall der Skelettreste, deren Einbettung und Fossilwerdung bis zur Bergung und Präparation des Fossilmaterials.

Der Verlauf der taphonomischen Prozesse wird von den jeweils herrschenden biologischen, geologischen und chemisch-physikalischen Bedingungen bestimmt. Taphonomische Prozesse verfälschen so das Bild der ursprünglichen Lebensgemeinschaft und sind verantwortlich für entsprechende Effekte auf dem Knochenmaterial. Ursachen hierfür waren Auswirkungen der ehemaligen Umwelt, des Klimas, des Knochentransports, der Ablagerung und Einbettung, der *Diagenese*, der Fossilbergung und Präparation und weiterer biologischer und nicht-biologischer Faktoren. Kontinuierlich geht also ein gewisser Anteil an Knochenmaterial verloren. Gleichzeitig werden aber auch neue und teilweise überlagernde Informationen gespeichert, etwa Zahnmarken von Tieren, Abrasionsspuren durch Transport oder auch Schnittmarken von Steinwerkzeugen auf Antilopenknochen etc. Um diese Spuren zu interpretieren, werden Experimente mit modernen Knochen durchgeführt, um so die Prozesse zu rekonstruieren, die zu taphonomischen Effekten führen, die mit den an den Fossilien beobachteten Spuren übereinstimmen.

Taphonomische Untersuchungen wurden beispielsweise zur Entschlüsselung der Entstehungsgeschichte der versteinerten Knochenlager (*Höhlenbrekkzien*) angewandt, aus denen im südlichen Afrika die meisten der Vor- und Urmenschenfunde stammen.

Paläontologie und Paläoökologie

Ein charakteristisches Merkmal des heute weltweit verbreiteten *Homo sapiens sapiens* ist die Fähigkeit, im Widerspruch zum ökologischen Gesamtzusammenhang existieren zu können. Dies ist vor allem auf vielfältige technische Hilfsmittel zurückzuführen, deren erste Ursprünge den Übergang von den Vormenschen der Gattung *Australopithecus* zu den Urmenschen der Gattung *Homo* markieren. Davor waren die Hominiden als Teil eines jeweiligen Ökosystems mit allen Konsequenzen der gegenseitigen Abhängigkeit von Klima, Vegetation und Fauna in dieses eingebunden. Die Paläoökologie untersucht diese Wechselbeziehungen von Pflanzen und Tieren vergangener Erdzeitalter. Im Vordergrund steht die Charakterisierung und Rekonstruktion der ehemaligen Lebensräume (Habitate).

Bei paläoanthropologischen Projekten werden durch Aufsammlungen und Grabungen in den allermeisten Fällen keine Hominidenreste geborgen, sondern Fragmente der ehemaligen Fauna des Gebietes. Ungefähr die Hälfte des Fundgutes an Wirbeltierfossilien von afrikanischen Fundstellen sind Antilopenreste, an zweiter Stelle stehen Pferde, gefolgt von Elefanten, Schweinen, Flußpferden und Krokodilen. Bei den großen Säugern sind *Carnivoren* (Fleischfresser) und Primatenfunde sehr selten, wie dies weitgehend der ursprünglichen Zusammensetzung der Fauna entsprechen dürfte. Da Vor- und Urmenschen zahlenmäßig nur sehr gering vertreten waren, werden aber auch ihre Reste nur selten gefunden.

Alle geborgenen Fossilien werden möglichst genau bis auf Gattungs- oder Artniveau bestimmt. Während in Afrika die Reste von Schweinen sehr gut zur relativen Datierung einer Fundstelle beitragen (S. 15), sind Antilopen-Fossilien hilfreich bei der Rekonstruktion des ursprünglichen Lebensraumes. Im Gegensatz zur fossilen *Totengemeinschaft*, deren Zustandekommen durch die taphonomische Analyse geklärt wird (S. 16), interessiert bei paläoökologischen Rekonstruktionen die Zusammensetzung der ehemaligen *Lebensgemeinschaft*. Je ähnlicher die heute lebenden Verwandten den fossilen Tiere sind, desto genauer kann deren ehemaliger bevorzugter Lebensraum bestimmt werden.

Zunehmend setzt sich in der Paläoanthropologie die Erkenntnis durch, daß wichtige Fragen zur Evolution des Menschen allein aufgrund der Rekonstruktion und Einordnung von immer mehr Hominiden-Einzelfunden nicht zu beantworten sind. Vielmehr geht es heute um das Gesamtbild und den ökologischen Rahmen, in dem Erklärungen gesucht werden für das Entstehen und das Aussterben mehrerer Hominidenarten und das alleinige Überleben von *Homo sapiens*. Von besonderer Bedeutung sind hierbei multidisziplinäre Forschungs-

ansätze zur Evolutionsökologie des Menschen und seiner Aus-
breitungsgeschichte in Abhängigkeit von Klima- und Lebens-
raumveränderungen. Vor allem der afrikanische Kontinent
bietet hierfür gute Voraussetzungen. So ist beispielsweise das
Ziel des deutsch-amerikanischen Hominiden-Korridor-Projektes (HCRP) die Erforschung der Geologie und Paläontologie des Malawi-Rifts als geographisches Bindeglied zwischen
den gut bekannten Hominiden-Fundstellen des südlichen und
des östlichen Afrika (Abb. 1). Dadurch wird es möglich,
Kontinuität oder ökologische Unterschiede im afrikanischen
Pliozän zu erklären. Für die paläontologische Forschung
bietet Afrika also die Chance, eine Grundlage für ein ganz-
heitlich-panafrikanisches, durch zeitliche, evolutive und
räumliche Kontinuität geprägtes Modell liefern zu können,
das Biogeographie, Klima-, Habitat- und Faunenentwicklung
während der ersten Phasen der Menschheitsgeschichte ein-
schließt.

Klassifikation und stammesgeschichtliche Rekonstruktion der Hominiden

Fossilien sind ein Teil der belebten Natur, der Bestandteil der
unbelebten Natur geworden ist. Die Form der überlieferten
Reste ist kein Zufallsprodukt, sondern spiegelt bestimmte
Funktionen des ehemals lebenden Organismus wider. Form
und Funktion sind in der Natur untrennbar miteinander verknüpft. In der Technik kennzeichnet die Kombination aus
funktionalen Systemen eine Maschine. Anders als Maschinen
müssen Organismen jedoch wachsen und sich vermehren, ohne daß dabei Funktionsstörungen auftreten. Das reibungslose
Zusammenwirken aller Funktionsgefüge eines Organismus
muß zu jedem Zeitpunkt des Lebens gewährleistet sein. Dies
gilt nicht nur während des Wachstums eines Individuums von
der befruchteten Eizelle bis zum Tod (*Ontogenese*), sondern
auch in der Stammesgeschichte (*Phylogenese*), die als Anein-
anderreihung vieler Ontogenesen aufzufassen ist. Daher ist
davon auszugehen, daß in der Geschichte der Organismen

keine Sprünge auftraten, Evolution ist vielmehr der kontinuierliche Wandel funktionierender Konstruktionen.

Da organismische Konstruktionen meist mehrere Funktionen ermöglichen, kann durch deren Analyse nur die Grenze des konstruktiv Möglichen aufgezeigt werden. Ein Organismus ist mehr als die Summe seiner Teile. Daher sind manche organismischen Funktionen nur in einem größeren Zusammenhang oder auf höherer hierarchischer Ebene sinnvoll zu erklären. So besteht beispielsweise der Funktionskomplex Kauapparat aus den Elementen Zähne, Kiefer, Kaumuskulatur usw. Die wichtigsten Aspekte menschlicher Lebensweise, die in der Paläoanthropologie durch Fossilienfunde konstruktiv und funktionell erschlossen werden können, sind Fortbewegung, Nahrungsaufnahme und Handfunktion sowie oft auch Gehirnentwicklung und Sprechfähigkeit.

Anatomische Merkmale der fossilen Funde werden mit denen des heutigen Menschen verglichen und so interpretierbar. Zwei im letzten Jahrhundert formulierte Prinzipien der Paläontologie liegen als notwendige Hilfsannahmen allen rekonstruierenden Hypothesen zugrunde: Das *Aktualismus-Prinzip* besagt, daß physikalische und chemische Gesetzmäßigkeiten, beispielsweise die Schwerkraft, durch alle Zeiten Gültigkeit besitzen. Das *Korrelations-Prinzip* unterstellt die weitgehende, jedoch nicht automatische Vergleichbarkeit heutiger und historischer Prozesse. Es ist mit dieser Methode – sehr verkürzt – möglich, auch aus kleinsten fragmentarischen Resten, beispielsweise aus dem Aufbau des Zahnschmelzes, auf Ernährungsgewohnheiten zu schließen. Aus der Konstruktion des Beckens oder dem Bau des Oberschenkels sind Rückschlüsse auf die Art der Fortbewegung möglich.

Als Hilfsmittel zur Klassifizierung von Organismen dient die biologische Systematik. Voraussetzung hierfür ist die Beschreibung und Abgrenzung biologischer Arten. Im Idealfall wird eine Art dabei durch charakteristische, zum Beispiel anatomische Merkmale definiert, die mit entsprechenden Merkmalen einer anderen Art verglichen werden können. Das Spezialgebiet der *phylogenetischen Systematik* wertet diese

Merkmale als entweder „ursprünglich" oder „spezialisiert" in Bezug auf andere systematische Gruppen und erhellt dadurch die komplizierten Verwandtschaftsbeziehungen zwischen Gattungen und Familien oder die Aufspaltung von Arten etc. Hierbei wird allerdings der Faktor Zeit, zweifellos eine Grundvoraussetzung für die Evolution, nur als relative Größe berücksichtigt.

Die Zeit als absolute Größe im Evolutionsgeschehen wird einerseits durch die Paläontologie, also durch das geologische Alter der Fossilien (zur Altersdatierung von Fossilien siehe S. 14), andererseits durch die sogenannte „molekulare Uhr" ermittelt. Die Genauigkeit der molekularen Uhr ist längst keine Vermutung mehr. Eine Vielzahl von Untersuchungen in zahlreichen Labors überall auf der Welt belegen, daß sich gleiche Proteine im Laufe der Evolution immer mit der gleichen – für sie charakteristischen – Geschwindigkeit verändern, völlig unabhängig davon, ob sie Bestandteil einer Maus oder eines Elefanten sind. Durch Ähnlichkeitsvergleiche zwischen den die Proteine aufbauenden Aminosäuren kann daher die Zeit seit der evolutiven Trennung zweier Gruppen absolut ermittelt werden. Danach hat der letzte gemeinsame Vorfahre von heutigen Schimpansen und heutigen Menschen vor ungefähr 6 Millionen Jahren gelebt, bei einer Übereinstimmung der Schimpansen-DNS zu der des Menschen von immerhin 97,6 Prozent.

Die Lücken im Fossilbericht sind geradezu unüberwindlich groß. Dadurch hat die molekulare Uhr für die Paläontologie in den letzten Jahren eine zentrale Bedeutung gewonnen. Doch sind Fossilien trotzdem nicht verzichtbar, denn sie sind die einzigen harten Beweise für die Existenz ehemaliger Lebewesen. Ein großer Nachteil der genetischen Verfahren ist außerdem, daß nur die Beziehungen heute noch lebender Formen und Gruppen untersucht werden können, also nur ein winziger Bruchteil der historischen Vielfalt. Bislang konnte genetisches Material aus fossilen Hominiden-Resten nicht extrahiert werden. Im Falle der Evolution des Menschen ist daher kein Evolutionsschritt der letzten 6 Millionen Jahre durch

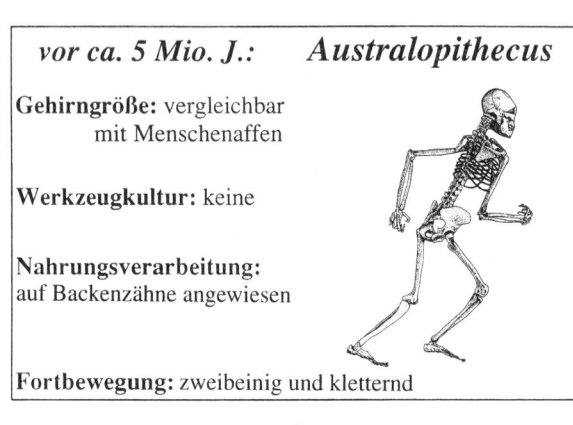

vor ca. 5 Mio. J.: *Australopithecus*

Gehirngröße: vergleichbar
mit Menschenaffen

Werkzeugkultur: keine

Nahrungsverarbeitung:
auf Backenzähne angewiesen

Fortbewegung: zweibeinig und kletternd

$\downarrow$

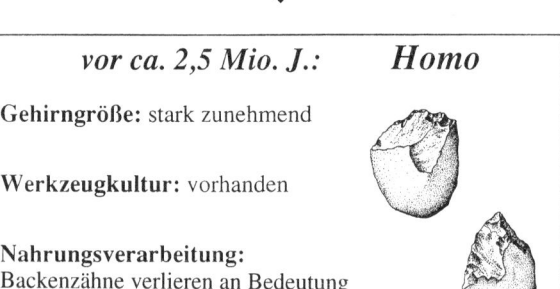

vor ca. 2,5 Mio. J.: *Homo*

Gehirngröße: stark zunehmend

Werkzeugkultur: vorhanden

Nahrungsverarbeitung:
Backenzähne verlieren an Bedeutung

Fortbewegung: dauernd zweibeinig

Abb. 2: Wichtige Merkmale der Vormenschen (*Australopithecus*)
und der Urmenschen (*Homo*)

molekulargenetische Verfahren nachzuzeichnen, mit Ausnahme des Beginns, also der Trennung von der Schimpansen-Linie.

Durch paläoanthropologische und paläontologische Forschung nahm die Kenntnis über die Evolution des Menschen vor allem in den letzten Jahren sprunghaft zu. Die Wurzeln des Hominidenstammbaums, vor 1960 bis höchstens 1 Million Jahre zurückreichend, wurden seither in immer ältere geologische Zeiten zurückverfolgt, in den sechziger Jahren mit den Funden aus Olduvai Gorge, Tanzania, bis ca. 2 Millionen Jahre, in den siebziger Jahren durch Arbeiten in Kenya und Äthiopien bis ca. 3 Millionen Jahre und in letzter Zeit durch neue Funde aus Äthiopien und Kenya bis über 4 Millionen Jahre. In Abhängigkeit von der zunehmend besseren Fundlage hat sich auch die systematische Einordnung der Hominiden in den letzten Jahren stark gewandelt.

Mit Fragen der biologischen Systematik beschäftigt sich das Spezialgebiet der *Taxonomie*. Oft geht es hierbei aber mehr um Bezeichnungen als um Beziehungen. So wurden die ersten Funde von Vormenschen (Australopithecinen) in Südafrika fast alle mit eigenen Art- und sogar Gattungsnamen bedacht. Bei den Urmenschen und den fossilen Menschen herrschte lange Zeit eine noch stärkere Namensvielfalt. Erst zunehmende Fossilienfunde verhalfen zu der Erkenntnis, daß es sich bei den beobachteten Merkmalsunterschieden lediglich um Variabilitäten im wesentlichen innerhalb zweier Gattungen handelt: *Australopithecus* und *Homo* (Abb. 2).
Die ältesten fossilen Reste der Vormenschen der Gattung Australopithecus aus Kenya sind knapp über 4 Millionen Jahre alt. Die ältesten fossilen Reste der Urmenschen der Gattung *Homo* aus Malawi sind ungefähr 2,5 Millionen Jahre alt. In den folgenden Kapiteln sollen die Fundorte und die Fundgeschichte der Hominiden nachgezeichnet und aus den äußeren Merkmalen der Vor- und Urmenschen deren Eigenschaften und Lebensweise rekonstruiert werden. Um den evolutionsbiologischen Aspekt hierbei nicht aus den Augen zu verlieren und um die langsamen, aber komplexen Änderungen deutlich werden zu lassen, werden die wichtigsten Phasen der Menschwerdung in ihrem chronologischen und vermutlichen stammesgeschichtlichen (phylogenetischen) Ablauf vorgestellt.

Der Ursprung der Hominiden

Von Halbaffen, Affen und Menschenaffen: Evolution der Primaten

Die Säugetiere entstanden etwa zur gleichen Zeit wie die Dinosaurier, also vor ungefähr 250 Millionen Jahren. Während die Evolution im 200 Millionen Jahre währenden „Zeitalter der Reptilien" 20 neue Ordnungen hervorbrachte, entstanden im sehr viel kürzeren „Zeitalter der Säugetiere" der letzten 65 Millionen Jahre immerhin 35 Säugetier-Ordnungen. Dies mag auf die nach dem Aufbrechen und Auseinanderdriften der großen Landmassen stärkere Fragmentierung der Lebensräume und der Klimaunterschiede zurückzuführen sein. Eine der 18 lebenden Säugetierordnungen ist die Ordnung der Primaten. Sie wird untergliedert in die *Prosimii* und die *Anthropoidea*. Zu den *Prosimii* gehören die frühen fossilen Primaten und die heute lebenden Halbaffen (Tarsier, Lemuren, Loris und Galagos); zu den anthropoiden Primaten zählen die Alt- und die Neuweltaffen, die Menschenaffen und der Mensch.

Der Stamm der Primaten reicht zurück bis in die Kreidezeit vor über 80 Millionen Jahren. Enge verwandtschaftliche Beziehungen bestehen wahrscheinlich zu der ursprünglichen Säugetiergruppe der Insektenfresser (*Insectivora*), jedoch sind die fossilen Belege unzureichend. Eine erste Entwicklungsphase der Primaten fand im *Paleozän* (65–58 Millionen Jahre) in Nordamerika und Europa statt, damals noch ein gemeinsamer Kontinent, der durch ein Meer von den südlichen Kontinenten getrennt war. Weder aus Südamerika noch aus Afrika oder anderen Südkontinenten sind Funde bekannt. Die Fossilien dieser frühesten Primaten (Plesiadapiden) zeigen noch kaum anatomische Merkmale, die heute zur Unterscheidung der Primaten von anderen Säugetieren benutzt werden. Die Plesiadapiden sind in der Gebißkonstruktion vielleicht eher vergleichbar mit heutigen Nagetieren. Sie besaßen große Schneidezähne mit großem Abstand zu den Backenzähnen, haben noch Krallen, und im Schädel ist die Augenöffnung von der

Kaumuskulatur noch nicht mit einer Knochenspange abgetrennt.

Spätestens aus dem *Eozän* (58–37 Millionen Jahre) sind jedoch echte Primaten bekannt. Aus dem Ölschiefer der Grube Messel bei Darmstadt stammen ca. 49 Millionen Jahre alte Primatenreste. Das erste gefundene Skelett ist im Hessischen Landesmuseum Darmstadt ausgestellt. Gegenüber den früheren Formen läßt sich anhand von Fossilien eine zunehmende Ausrichtung der Augen nach vorn, mit knöcherner Abgrenzung der Augenöffnung nach hinten, eine Verkürzung der Schnauze, eine Vergrößerung des Gehirns und die Ausbildung von Fingernägeln nachweisen. So reflektieren die eozänen Primaten im wesentlichen die Unterschiede, die heute lebende Primaten von den übrigen Säugetieren trennen. Als Baumbewohner sind sie gute Kletterer, ihre Hände und Füße sind zum Greifen geeignet. Die sich ausbreitenden neuen Waldtypen mit blüten- und fruchttragenden Bäumen sorgten für ein reichhaltiges Nahrungsangebot, durch die damit verbundene starke Zunahme von Pollen auch an Insekten. Die frühen Primaten ernährten sich wahrscheinlich als Allesfresser, waren flinke Insektenjäger, besaßen gute Augen, ein leistungsfähiges Gehirn und die Tendenz zu sozialem Verhalten.

Die heutigen Halbaffen geben einen Eindruck von der Vielfalt der frühen Primaten wieder. Die meisten der heute lebenden Halbaffen sind kleine nachtaktive Tiere, oft leben sie einzelgängerisch und ernähren sich überwiegend von Insekten. Der Geruchssinn spielt eine Rolle bei Nahrungssuche und Individual-Kennung. Die Bildung stabiler sozialer Gruppen ist selten. Während die nur 150 g schweren Tarsier meist paarweise leben und „Einzelkinder" aufziehen, bilden die katzengroßen Lemuren Gruppen von über zwanzig Mitgliedern.

Die Wurzel der höheren Primaten, der *Anthropoidea*, reicht nach paläontologischen Befunden mindestens bis in das Eozän zurück. Nach molekulargenetischen Untersuchungen sind sie von den Halbaffen sogar schon seit mehr als 70 Millionen Jahren getrennt. Im Gegensatz zu der schräg nach vorn außen gerichteten Stellung der Augen bei den Halbaffen ist bei den

Anthropoidea ein volles stereoskopisches Sehen möglich, das Sehzentrum im Gehirn ist vergrößert. Beide Augen sind nach vorn ausgerichtet und liegen geschützt in rückwärtig geschlossenen Augenhöhlen. Die Riechwahrnehmung ist für sie von viel geringerer Bedeutung als für die Halbaffen; ihre Schnauze und damit die Nasenregion ist verkürzt und das Riechzentrum im Gehirn reduziert. Die Anzahl der Schneidezähne ist von 12 auf 8 reduziert. Während sie bei den *Prosimii* noch vielfach kammförmig angeordnet und dem Insektensammeln dienlich sind, benutzen die Anthropoiden die Schneidezähne zum Abbeißen, die breiten Backenzähne zum Kauen. Die Nahrung wird mit den Händen festgehalten. Während die Halbaffen scheue Insektenfresser sind, leben die Anthropoiden tagaktiv und ernähren sich zunehmend von Nahrungsquellen, die leichter erreichbar sind, wie zum Beispiel von Früchten. Der größere Körperbau ermöglicht eine effektivere Thermoregulation, ein größeres Gehirn steigert das Lernvermögen. Die *Anthropoidea* leben im allgemeinen in größeren sozialen Gruppen, deren Mitglieder untereinander kommunizieren.

Im *Oligozän* (37–25 Millionen Jahre) finden sich fossile Beweise für eine erste Entwicklungsphase der anthropoiden Primaten hauptsächlich in Nordafrika und in Südamerika. Afrika war im *Oligozän* eine Insel, getrennt von Europa, aber verbunden mit Arabien. Eine berühmte Fundlokalität ist Fayum in Ägypten, ca. 100 km südwestlich von Kairo. Eine Expedition des *American Museum of Natural History*, New York, entdeckte in den Schichten eines ehemaligen Flußdeltas bereits 1906 Primatenfosilien, die zwischen 35 und 25 Millionen Jahre alt sind. In den sechziger Jahren kamen weitere Funde hinzu, so daß jetzt mindestens fünf Primatengattungen aus Fayum bekannt sind. Die Fayum-Primaten stehen wahrscheinlich der gemeinsamen Ursprungsgruppe von Altweltaffen und Menschenaffen noch sehr nahe.

In der alten Welt, in Afrika und Asien, entwickelten sich die Altweltaffen sehr erfolgreich und sind heute, vom Menschen abgesehen, die zahlenmäßig größte Primatengruppe. Sie kommen in einer Vielzahl von Lebensräumen vor, vom tropischen Regenwald über die Savanne bis in die hohen Berge und sogar in Schneegebieten. Seit ungefähr 15 Millionen Jahren sind zwei Hauptgruppen mit unterschiedlichen Ernährungsgewohnheiten zu unterscheiden. Zur ersten Gruppe, den blätterfressenden Affen, gehören die Languren Asiens und die Colobus-Affen Afrikas. Zur zweiten Gruppe, hauptsächlich Fruchtfressern, zählen etwa die Meerkatzen, die Paviane, die Mandrills und die Macaquen.

Menschenaffen des Miozän

Zwar sind die Altweltaffen von den Menschenaffen seit etwa 20 Millionen Jahren getrennt, doch entstanden die modernen Menschenaffen erst vor ungefähr 10 Millionen Jahren. Heute sind sie in Asien verbreitet (Gibbons, Siamangs und Orangutans) und in Afrika (Schimpansen, Zwergschimpansen und Gorillas).

Die Unterschiede der Menschenaffen zu den Altweltaffen werden vor allem im Gebiß, in der Fortbewegung und der Skelettanatomie deutlich. Die Nahrungsquellen sind ähnlich, auch die Menschenaffen bevorzugen Früchte und Blätter. Jedoch ist die Art der Nahrungsaufnahme deutlich unterschiedlich. Während sich die leichten Altweltaffen auf den Zweigen mühelos bewegen und sich die Nahrung greifen, hängen die schweren Menschenaffen an den Zweigen oder sitzen auf ihnen, um sich in stabiler Lage die Nahrung zu angeln. Zur Fortbewegung hangeln sie sich oft unter den Ästen entlang. Diese Art der Fortbewegung und der Ernährung wird oft als *Brachiation* (Armtechnik) bezeichnet. Anatomisch äußert sich dies in einem gedrungenen Körper, dem im Gegensatz zu den Altweltaffen der Schwanz fehlt. Allerdings sind die Arme der Menschenaffen besonders lang, im Ellenbogengelenk streckbar und im Unterarm mehr als 180 Grad drehbar. Leider sind die Mehrzahl der bekannten Fossilien Zähne, so daß über die Entwicklung dieser Körpermerkmale nur wenig bekannt ist.

Im Gebiß zeigen sich jedoch ebenfalls deutliche Unterschiede, wodurch Zahnfragmente von Altweltaffen und Menschenaffen auch von Laien leicht zu bestimmen sind: Die unteren Backenzähne aller Menschenaffen bilden, wie beim Menschen, fünf Höcker aus, die Furchen dazwischen bilden die Form eines Y („Y-Muster"). Dagegen tragen die Backenzähne der Altweltaffen nur vier Höcker, von denen jeweils zwei durch Stege verbunden sind.

Im frühen Miozän (22–5 Millionen Jahre) existierten in Ost- und Nord-Afrika eine Vielzahl verschiedener Affen- und Menschenaffenarten. Zu den fossilen Menschenaffen dieser Zeit gehört die Gattung *Proconsul*, von der zahlreiche fossile Reste sowohl des Skeletts als auch des Schädels in Kenya gefunden wurden. Diese großen Menschenaffen gehören zu den sogenannten Dryopithecinen, die später auch in Europa auftauchen, stehen aber dem Ursprung der modernen Menschenaffen eher fern. Verschiedentlich wurden die Ramapithecinen mit dem Ursprung der Hominiden, also der zum Menschen führenden Stammeslinie, in Verbindung gebracht. Nach vielen neuen Funden der letzten Jahrzehnte scheint es jedoch wahrscheinlicher, sie als indirekte Vorfahren der Orang Utans anzusehen.

Im Mittel-*Miozän* (15–10 Millionen Jahre) gab es offensichtlich noch keine modernen Menschenaffen und keine Anzeichen für Hominiden in Afrika. Überhaupt gibt es in Afrika kaum fossile Menschenaffen, nach der erfolgten Ausbreitung nach Asien und Europa vor spätestens 14 Millionen Jahren. In Europa gibt es fossile Menschenaffen bis vor 10 Millionen, in Asien bis vor 7 Millionen Jahren. Ihr Aussterben hat wahrscheinlich mit klimatischen Änderungen ebenso zu tun wie mit der gleichzeitigen starken Ausbreitung ihrer Nahrungskonkurrenten, der Altweltaffen.

Die Fundlücke in Afrika bis vor ca. 5 Millionen Jahren gibt zu vielerlei Spekulationen Anlaß. Die nach molekulargenetischen Untersuchungen vor etwa 6 Millionen Jahren zu vermutende Abspaltung der zum Menschen führenden Linien von den Menschenaffen ist fossil bislang nicht belegbar, auch nicht der letzte gemeinsame Vorfahre der Menschenaffen und der Menschen. Die ersten Hominiden tauchen recht unvermittelt vor ca. 4,5 Millionen Jahren als Fossilien auf. Leider sind Schichten dieses Alters in Afrika äußerst selten. Bislang ist der gemeinsame Vorfahre der Pongiden und der Hominiden immer noch ein fehlendes Glied, ein echtes *missing link* in der Paläoanthropologie.

Der älteste Hominide: *Ardipithecus ramidus*

Seit 1992 wurden vom *Middle Awash Research Project* unter Leitung von Tim White, Berhane Asfaw und Gen Suwa bei Aramis in Äthiopien (Abb. 1) zahlreiche Schädel-, Kiefer- und Skelettfragmente entdeckt, die ca. 4,4 Mio. Jahre alt sind und von insgesamt 17 Individuen stammen. Die Erscheinungsform dieser Funde unterschied sich stark von den bis dahin bekannten ältesten Australopithecinen. Obwohl die Funde anfänglich als *Australopithecus* beschrieben wurden, hielten die beteiligten Wissenschaftler nach weiteren höchst spektakulären Funden 1994, unter anderem einem nahezu vollständigen Skelett, die Unterschiede für so groß, daß sie in ihnen den Vertreter einer neuem Hominiden-Gattung erkannten. Der neue Name *Ardipithecus* bedeutet „Bodenaffe" in der lokalen Afar-Sprache. Die Artbezeichnung *ramidus* bedeutet „Wurzel".

Der Name *Ardipithecus ramidus* drückt somit aus, daß wir mit diesen ältesten bekannten auf dem Boden zweibeinig gehenden Hominiden dem Ursprung und letzten gemeinsamen Vorfahren der Pongiden und der Hominiden schon sehr nahe sind. Von den Menschenaffen unterscheidet sich *Ardipithecus* vor allem durch relativ kleine Eckzähne und weniger scharfkantige Vorbackenzähne (Prämolaren). Auch die tiefere Lage der Austrittsstelle des Rückenmarks, des *Foramen magnum*, ein Hinweis für den aufrechten Gang, deutet an, daß diese Hominiden bereits auf der Hominiden-Linie anzusiedeln sind.

Die Hauptunterschiede zu *Australopithecus* sind die relativ kleinen und wenig kompliziert gebauten Backenzähne mit recht dünnem Zahnschmelz und die menschenaffenähnlichen Vorbackenzähne. Die verwandtschaftlichen Beziehungen zu den frühen Australopithecinen (*Australopithecus anamensis, Australopithecus afarensis*, S. 44 ff.) sind noch ungeklärt. Offensichtlich lebte *Ardipithecus* am Rande eines tropischen Regenwaldes, wie aus den vielen aus derselben Fundschicht stammenden Affenfossilien zu schließen ist. Diese Randzone des tropischen Regenwaldes spielt in der Evolution des Menschen eine entscheidende Rolle.

Bereits vor 30 Millionen Jahren lebten die ersten Menschenaffen in den Regenwäldern des tropischen Afrika. Einige Populationen breiteten sich vor ca. 15 Millionen Jahren auch nach Asien und Europa aus (S. 28). In Afrika war aber die geographische Verbreitung der ursprünglichen Populationen der afrikanischen Menschenaffen solange relativ stabil, bis im Mittel-*Miozän* eine weltweite Klima-Abkühlung zu einschneidenden Umweltveränderungen führte. Seit etwa 10 Millionen Jahren wurden in Afrika die Jahreszeiten zunehmend ausgeprägter, charakterisiert in den tropischen Bereichen durch saisonale Trocken- und Regenzeiten. Diese klimatischen Bedingungen im Zusammenhang mit den Auswirkungen der Entwicklung des afrikanischen Grabens (Afrikanisches Rift) führten zur starken Abnahme der Waldgebiete. Die ausgedehnten tropischen Regenwälder wurden mehr und mehr durch baumbestandene Savannen und Buschland verdrängt.

Vor ca. 8 Millionen Jahren bestand daher im östlichen Afrika ein hoher Anteil an offenen Grasgebieten. Die Verschiebung der tropischen Waldgebiete förderte das Entstehen von Baumsavannen und führte somit zu einer Vermehrung unterschiedlicher Lebensräume. Als die klimatischen Bedingungen sich im ausgehenden *Miozän* durch zunehmende Trockenheit weiter verschlechterten, fanden sich einige Menschenaffen-Populationen an der östlichen Peripherie des Regenwaldes entlang der nahrungsreichen Uferzonen im Regenschatten des sich entwickelnden afrikanischen Rifts wieder.

Die Trennung der Linien der Menschenaffen und der Hominiden fand also am Rande des tropischen Regenwaldes statt. Hier muß auch der – noch unbekannte – letzte gemeinsame Vorfahre gelebt haben. Diese frühesten Vorfahren des

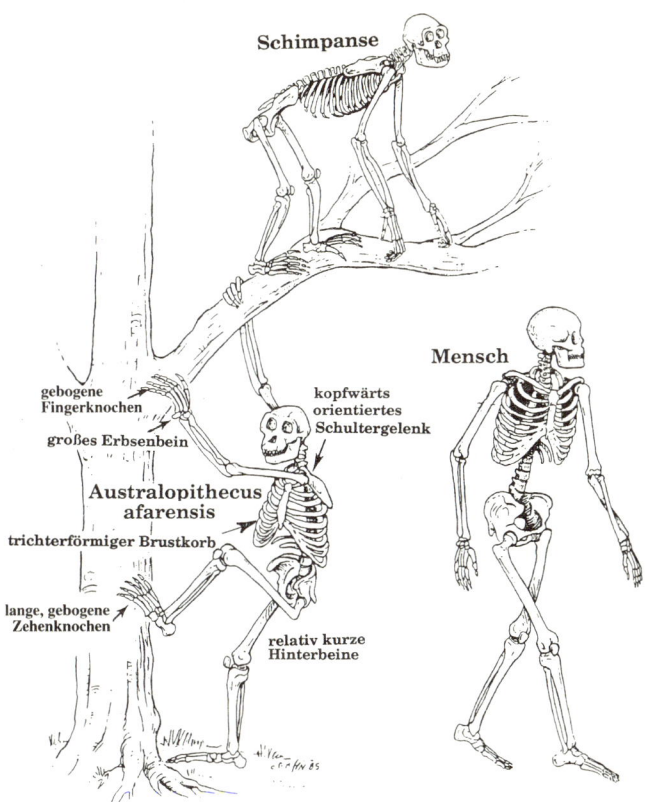

Abb. 3: Wichtige Konstruktionsmerkmale des Skeletts
der aufrechtgehend-kletternden Vormenschen als Bindeglied zwischen
baumlebenden Menschenaffen und dem Menschen

Menschen müssen zu einer Linie von Menschenaffen gehört
haben, die mit der Fortbewegung am Boden „experimentier-
ten". Mit einer zum Hangeln geeigneten Körperkonstruktion
wurde so der Weg von Baum zu Baum offensichtlich am Boden zurückgelegt – der Beginn des aufrechten Ganges. Zwar
ist ein solches Verhalten auch bei anderen Menschenaffen zu
beobachten, *Ardipithecus ramidus* war offensichtlich hierbei
jedoch am erfolgreichsten.

Die Körperkonstruktion von *Ardipithecus* ist also der Ausgangspunkt für die Entwicklung der zweibeinigen-kletternen Fortbewegung der Australopithecinen (Abb. 3). *Ardipithecus* stellt somit funktionell ein erstes Bindeglied zwischen der kletternden Fortbewegung der Menschenaffen und dem dauernden aufrechten Gang des Menschen dar. Die typischen Skelettmerkmale der Australopithecinen (Abb. 3, wie ein kopfwärts orientiertes Schultergelenk, ein trichterförmiger Brustkorb, ein großes Erbsenbein in der Handwurzel und gebogene Fingerknochen sowie relativ kurze Hinterbeine und lange gebogene Zehenknochen, sind schon bei *Ardipithecus* zu beobachten.

Die ursprünglichen Gründe (Ursache) zur Entwicklung der neuen Fortbewegungsweise dürfen nicht mit den späteren Vorteilen (Wirkung) des aufrechten Ganges verwechselt werden. Die mit dem dauernden zweibeinigen Gehen verbundenen Möglichkeiten, zum Beispiel die Fähigkeit, weite Savannengebiete überblicken oder Kinder tragen zu können, dürften im tropischen Waldrandgebiet noch keinen Selektionsvorteil geboten haben. Erst ca. 2 Millionen Jahre später, bei der Besiedlung der Savannengebiete, wurden die konstruktiven Vorbedingungen derartig nutzbar. Der aufrechte Gang ist also eine Entwicklung in zwei Stufen: Erst werden in den nicht mehr dichten Waldrandgebieten neben dem Kletterverhalten die Fähigkeiten des zeitweiligen zweibeinigen Gehens weiterentwickelt. Erst bei späterer, noch stärkerer großräumiger Lichtung des Lebensraumes bildeten sich die Fähigkeiten des Kletterns ganz zugunsten des dauernden aufrechten Ganges zurück.

Wie *Ardipithecus* und später auch die Australopithecinen zeigen (Abb. 3), waren Voraussetzung (Vorkonstruktion) für die Entwicklung des aufrechten Ganges nicht etwa lange Beine, wie sie heute für den Menschen charakteristisch sind, sondern lange Arme. Die relative Verlängerung der Beine erfolgte erst zwei Millionen Jahre später mit der Entstehung der Urmenschen, um den zweibeinigen Gang durch eine energetisch günstige Konstruktion noch zu perfektionieren.

Afrika – Die Wiege der Vormenschen
(*Australopithecus*)

Fundorte und Fundgeschichte im südlichen Afrika

Charles Darwin schien sich getäuscht zu haben, als er im Jahre 1871 die „Wiege der Menschheit" in Afrika vermutete. Die ältesten Vormenschenfunde kamen bis zum ersten Viertel des 20. Jahrhunderts aus Asien. Dann wurde jedoch an einem völlig unerwarteten Ort eine Entdeckung gemacht, die für beträchtliche Aufregung sorgte: Steinbrucharbeiter bargen in Taung (Abb. 1), Südafrika einen fossilen Kinderschädel (Abb. 4), der 1925 vom Johannesburger Anatomieprofessor Raymond Dart unter der Bezeichnung *Australopithecus africanus* (das heißt südlicher Affe aus Afrika) der skeptischen Fachwelt vorgestellt wurde.

Das ca. 2 Millionen Jahre alte Fossil besteht aus Gesichtsschädel und Unterkiefer sowie einem Innenausguß (Endocranialausguß) der Gehirnkapsel. Da das Gehirn selbst nicht erhaltungsfähig war, erkennt man die grobe Lage der Gehirnzentren auf dem inneren Relief der Innenseite des Schädels; die Innenseite lag, ursprünglich nur durch die Hirnhäute getrennt, sehr eng an dem Gehirn an, weshalb sich darauf dessen ehemalige Oberfläche abdruckte. Dieses Lebewesen mußte bereits den aufrechten Gang besessen haben, da die Eintrittsstelle des Rückenmarks in das Gehirn, das *Foramen magnum*, an der Unterseite des Schädels liegt und nicht wie bei Menschenaffen schräg nach hinten gerichtet war. Das Gehirn konnte zwar nicht größer gewesen sein als bei Schimpansen, einige Hirnregionen waren aber deutlich anders strukturiert. Die Eckzähne waren im Gegensatz zu denen der Menschenaffen, schon wie beim Menschen, sehr stark reduziert. Diese Befunde, damals noch in direktem Widerspruch zur herrschenden Lehrmeinung, haben sich in den vergangen Jahrzehnten durch eine große Anzahl weiterer Funde im südlichen, östlichen und kürzlich auch im westlichen Afrika bestätigt.

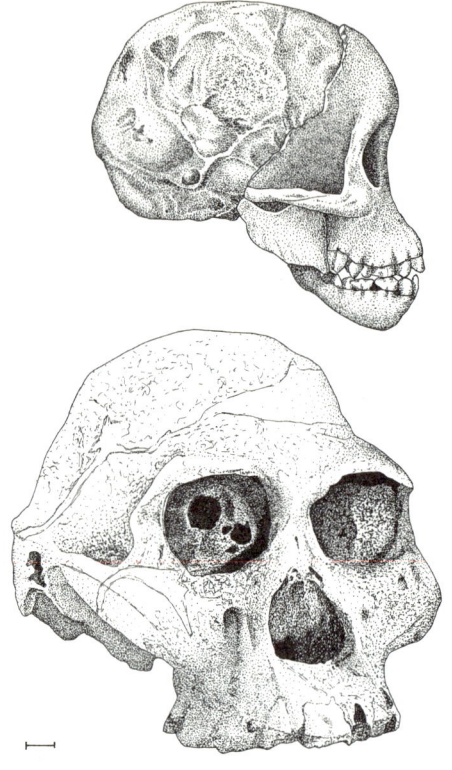

Abb. 4: *Australopithecus africanus*. oben: *Taung Baby* aus Taung, Südafrika (Alter ca 2 Mio. J.); unten: *Mrs. Ples*, Schädel STS 5 aus Sterkfontein, Südafrika (Alter ca. 2,5 Mio. J.)

Lange Zeit wurde das Taung-Baby jedoch von einflußreichen Anthropologen als Schimpansen-Kind angesehen. Der Fund stieß in der Welt der Paläoanthropologen auf Ablehnung und Ignoranz. Kaum ein Wissenschaftler wollte die Vorfahren des Menschen in Afrika vermuten.

Der Paläontologe Robert Broom war einer der wenigen bedeutenden Wissenschaftler, der die Hypothese Darts über Jahre hinweg unterstützte. Er fand 1936 in einer fossilen Höhle bei Sterkfontein (Abb. 1), ca. 50 km südwestlich von Johannesburg, einen Schädel, der von einem erwachsenen Australopithecinen stammte. Broom beschrieb eine neue Gattung *Plesianthropous*, und nannte den Schädel, der weibliche Merkmale zeigte, *Mrs. Ples* (Abb. 4). Die von ihm bereits am Taung-Baby erkannten anatomischen Besonderheiten der Vormenschen wurden durch *Mrs. Ples* bestätigt.

Aus der sogenannten „unteren Brekkzie" (Member IV), einem dicht gepackten, fest verbackenen Knochenlager in Sterkfontein mit einem Alter von ca. 2,5 Millionen Jahren, wurden seit 1947 durch umfangreiche Grabungen bis heute über 500 Australopithecinen-Fragmente zutage gefördert. 1947 konnten Robert Broom und John T. Robinson anhand eines Skelett-Fundes den für *Australopithecus* propagierten aufrechten Gang auch im Bewegungsapparat anatomisch belegen. Aus der „mittleren Brekkzie" (Member V) mit einem Alter von ca. 1,5 Millionen Jahren wurden Schädelreste geborgen, die zur Gattung *Homo* zu rechnen sind (S. 66). In den sechziger Jahren leitete Phillip Tobias die Arbeiten, heute werden sie von Ron Clarke vom Anatomischen Institut der University of the Witwatersrand, Johannesburg, weitergeführt. Ein bedeutender Fund, *little Foot*, mit leicht abgespreiztem großen Zeh – bereits seit vielen Jahrzehnten in den Sammlungsschränken aufbewahrt, aber erst 1995 als Hominiden-Rest erkannt – läßt die Fortbewegung von *Australopithecus africanus* als deutlich weniger menschenähnlich einstufen, als dies für *Australopithecus afarensis* des östlichen Afrika (S. 47) anzunehmen ist.

In Sichtweite von Sterkfontein liegen die Höhlen von Kromdraai und Swartkrans (Abb. 1). In Kromdraai gelang Robert Broom 1938 der Nachweis, daß es unter den Australopithecinen einen zweiten Typus gab, der wesentlich robuster war, als die Funde von Sterkfontein (Abb. 7). Unter der Bezeichnung *Paranthropus* (*Paranthropous robustus*) trennte er die „robusten Australopithecinen" aus der Knochenbrekkzie Kromdraai B (jünger als 2,5 Mio. Jahre) von den „grazilen Australopithecinen" Sterkfonteins ab. Diese Hypothese, nach der die Vormenschen in eine auf vegetarische Nahrung spezialisierte robuste und eine allesfressende (omnivore) grazile Linie getrennt sind, hat sich in vielen weiteren Funden bis heute bestätigt. Allerdings besteht immer noch keine Einigkeit darüber, ob es sich um Gattungs- oder Artunterschiede handelt; auch die Verwandtschaftsverhältnisse sind strittig. Einige Autoren behandeln daher *Paranthropus* als eine von *Australopithecus* verschiedene Gattung.

Robert Broom und John T. Robinson fanden in Swartkrans (Abb. 1) ab 1948 weitere Schädel, Kieferknochen und Zähne, die den robusten Australopithecinen zuzurechnen waren (*Paranthropus crassidens*). John T. Robinson entdeckte 1949 in derselben Schichteinheit (Member 1) einen Unterkiefer, der zur Gattung *Homo* (*Homo erectus*) zu rechnen ist, der erste Nachweis für eine gleichzeitige Existenz der robusten Vormenschen mit den Urmenschen (S. 89). Mehr als zwanzig Jahre lang leitete Bob Brain, Transvaal Museum, Pretoria, seit Mitte der sechziger Jahre die Grabungen in Swartkrans. Aus den 1,7 bis 1 Mio. Jahre alten Brekkzien wurden bis heute fast 150 Hominiden-Fragmente geborgen. In den jüngsten Abschnitten finden sich neben paläolithischen Werkzeugen und Zähnen von robusten Australopithecinen auch eindeutige Spuren von Feuernutzung. Es ist sehr wahrscheinlich, daß die auf Pflanzennahrung spezialisierten robusten Australopithecinen Knochenwerkzeuge zum Ausgraben von eßbaren Wurzeln benutzten, wie Bob Brain anhand von rasterelektronenmikroskopischen Untersuchungen zeigen konnte (S. 60).

Im Norden Transvaals, ca. 280 km nördlich von Johannesburg, in Makapansgat (Abb. 1), entdeckte James Kitching 1947 Schädelfragmente in einer Höhlen-Brekkzie. Bereits 1925 erfuhr Raymond Dart von der Existenz fossiler Knochen, die er aufgrund von Schwarzfärbungen als Beweise für Feuernutzung hier lebender Hominiden hielt. Daher beschrieb Dart die Australopithecinen von Makapansgat als *Australopithecus prometheus*, da er davon überzeugt war, den Feuerbenutzer gefunden zu haben (S. 54). In den fünfziger und sechziger Jahren wurden fast zwanzig Hominiden-Fragmente (heute als *Australopithecus africanus* klassifiziert) aus Maka-pansgat bekannt.

Seit Anfang der neunziger Jahre werden die Geländear-beiten zur Entdeckung neuer Vormenschenfundstellen in Südafrika durch Lee Berger und André Keyser, *University of the Witwatersrand*, Johannesburg, wieder intensiviert. Erste Erfolge sind die Entdeckung von Australopithecinen-Zähnen in Gladysvale (1994) (Abb. 1) und eines fast vollständigen robusten Australopithecinen-Schädels in Drimulen (1996) (Abb. 1).

Fundorte und Fundgeschichte im östlichen und nordöstlichen Afrika

Seit Beginn der dreißiger Jahre war Louis Leakey im östlichen Afrika auf der Suche nach Zeugnissen der Existenz menschli-cher Vorfahren; vor allem suchte er Steinwerkzeuge. In der Olduvai-Schlucht (Olduvai Gorge) (Abb. 1) in Nord-Tan-zania, die 1911 von Wilhelm Kattwinkel, dem deutschen Er-forscher der Schlafkrankheit, für die Wissenschaft entdeckt und von Hans Reck 1913 geologisch bearbeitet wurde, be-gann er seine leidenschaftliche archäologische und paläonto-logische Forschungstätigkeit. Schließlich gelang seiner Frau, der Archäologin Mary Leakey, 1959 der entscheidende Ho-miniden-Fund in Ostafrika. Bis dahin stammte das Wissen um die frühesten Phasen der Evolution des Menschen ausschließ-lich aus dem südlichen Afrika. Mit dem Schädel des „Nuß-knacker-Menschen" (Abb. 7) *Zinjanthropus boisei* (heute als *Australopithecus boisei* klassifiziert), auch *Zinj* oder *Dear Boy* genannt, begann nicht nur in Olduvai Gorge eine außer-gewöhnliche Serie von Hominiden-Funden, sondern im ge-samten östlichen und nordöstlichen Afrika.

Da in der Fundschicht des *Zinjanthropus* in Olduvai Gorge (Bed I, ca. 1,9–1,8 Mio. Jahre) primitive Steinwerkzeuge lagen, schienen sich zunächst die Hypothesen von werkzeug-benutzenden Vormenschen zu bestätigen. Ebenfalls aus Bed I wurde jedoch 1964 die damals älteste Art der Gattung *Homo*

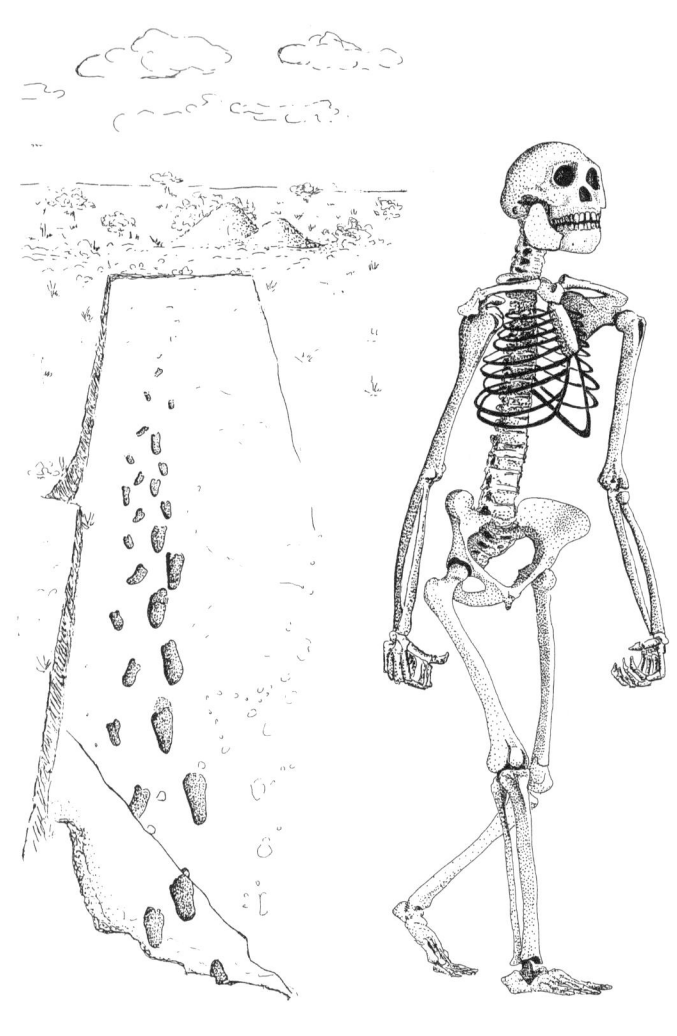

Abb. 5: Älteste Fußabdrücke der Vormenschen von Laetoli, Tanzania
(Länge der Strecke ca. 20 m, Alter 3,6 Mio. J.) und Rekonstruktion von
Lucy (*Australopithecus afarensis* (Größe ca. 1,20 m)

(*Homo habilis*) und damit der wahrscheinliche Werkzeug-
benutzer beschrieben. Auch in Olduvai lebten also robuste
Vormenschen und frühe Urmenschen gemeinsam nebeneinander.

Bereits 1935 wurde die Fundstelle Laetoli (Abb. 1), wenig
südlich der Olduvai-Schlucht, von Louis und Mary Leakey
entdeckt. Der deutsche Ethnologe Ludwig Kohl-Larsen fand
in dem Gebiet 1939 ein Oberkieferfragment mit zwei Zähnen
und einen isolierten Schneidezahn (Garusi-Hominiden); die
Reste befinden sich seitdem in den Sammlungen der Universität Tübingen und wurden 1950 von Hans Weinert als *Meganthropus africanus* beschrieben. Heute werden diese Hominiden aus den „Laetoli-Beds" (3,7–3,5 Mio. Jahre alt) als
Australopithecus afarensis (S. 46) klassifiziert.

Eine der wichtigsten Entdeckungen der paläoanthropologischen Forschung gelang Mary Leakeys Team 1979. Während
schon seit Beginn der Arbeiten zahlreiche Säugetierspuren in
den vulkanischen Aschenlagen bekannt waren, wurden damals
die Fußabdrücke von Australopithecinen entdeckt (Abb. 5).
Sie belegen, daß der aufrechte Gang der Vormenschen bereits
vor ca. 3,6 Mio. Jahren voll entwickelt war.

Die *International Omo Research Expedition* unter der Leitung von F. Clark Howell und Yves Coppens, an der zwischen 1966 und 1974 französische, kenyanische und ameri-
kanische Wissenschaftler teilnahmen, führte im Gebiet des
Omo-Flusses in Südäthiopien (Abb. 1), nördlich des Turkana
Sees, zu der Entdeckung von über 200 Einzelzähnen und
einigen Schädel-, Unterkiefer- und Skelettfragmenten früher
Hominiden. Der Großteil des Materials gehört zu den Australopithecinen. Aus dem Member C der Shungura-Formation
des Omo-Gebietes (Abb. 1) in Südäthiopien wurde 1968 von
Yves Coppens und Camille Arambourg ein robuster Vormen-
schen-Unterkiefer beschrieben, der heute zu *Australopithecus
aethiopicus* (S. 58) gezählt wird. Diese Art wurde aufgrund
eines spektakulären Schädelfundes 1986 (*black skull* S. 58) in
Lomweki (Abb. 1) am Westufer des Turkana-Sees (Abb. 1)
den robusten Australopithecinen zugeordnet.

Die systematischen und interdisziplinären Forschungsarbeiten des Sohnes von Louis und Mary Leakey, Richard Leakey, und seines Teams am östlichen Ufer des Turkana Sees in Kenya (Koobi Fora) (Abb. 1) erbrachten seit 1972 mehr als 120 Schädelfragmente, Zähne und Skeletteile vor allem von robusten Australopithecinen und Vertretern der Gattung Homo, die 1993 von Bernard Wood monographisch beschrieben wurden. Durch das *Koobi Fora Research Project* wurde die Fundstelle zur bestuntersuchten Hominidenfundregion Afrikas. Weit über zwanzigtausend gut erhaltene Einzelfunde der ehemaligen Tierwelt Koobi Foras werden heute im Nationalmuseum in Nairobi aufbewahrt. Zwar wird das Alter der Schichten East Turkanas (früher East Rudolf) zwischen 4 und 0,7 Millionen Jahre datiert, doch sind alle gut erhaltenen Funde jünger als 2 Millionen Jahre. Die genaue Zeitstellung war lange Zeit umstritten und sorgte aufgrund von Laborfehlern jahrelang für Verwirrung. Heute sind jedoch die Sedimente Koobi Foras sehr gut mit denen West Turkanas, denen des Omo Gebietes und denen in Olduvai Gorge zeitlich verknüpft.

Auf der West-Seite des Turkana Sees (Abb. 1) („West Turkana") treten ältere Sedimente als an der Ost-Seite auf, hier reichen sie bis in das geologische Zeitalter des Miozän hinein. Bereits in den sechziger Jahren wurden in Lothagam (ca. 6–7 Millionen Jahre) und in Kanapoi (4 Millionen Jahre) (Abb. 1) erste, schlecht erhaltene Hominidenfossilien geborgen. Knappe fünfzehn Flugminuten südlich von Lothagam, in Kanapoi (Abb. 1) entdeckten Meave Leakey und ihr Team 1994 und 1995 mehrere 4 Millionen Jahre alte Unter- und Oberkiefer sowie Einzelzähne von Hominiden. Die Fundschichten werden als Ablagerungen eines ehemaligen Flußdeltas gedeutet. Ähnliche Funde stammen von Allia Bay (Abb. 1) am Ostufer des Turkana Sees. Zusammen bilden diese neuen Fundstücke die Grundlage für die Beschreibung einer weiteren Australopithecinen-Art *Australopithecus anamesis* (Anam bedeuted See in der Sprache der Turkanas).

In Hadar (Abb. 1), Äthiopien, entdeckte eine amerikanisch-französische Expedition unter Leitung von Donald Johanson und Yves Coppens im November 1974 das Skelett einer als *Australopithecus afarensis* beschriebenen Art, die berühmt gewordene *Lucy* (Rekonstruktion in Abb. 5). Immerhin vierzig Prozent des Skeletts sind erhalten. Das Alter der Schichten an „Fundlokalität 288", dem Fundort *Lucys* liegt bei ca. 3 Millionen Jahren. Noch spektakulärer fielen die Funde von „Lokalität 333" (Alter ca. 3,3 Millionen Jahre) aus: Hier wurden 1976/77 Hunderte von Hominiden-Resten geborgen, die von insgesamt 13 Individuen stammen. Da alle Altersstadien von Kindern bis zu alten Erwachsenen repräsentiert sind, werden diese Funde als Beweis für den katastrophenartigen Tod einer ganzen Gruppe von Hominiden, möglicherweise der „ersten Familie" interpretiert. Im Jahre 1991 entdeckten Bill Kimbel und Yol Rak an der „Lokalität 444" den ersten fast vollständigen Schädel von *Australopithecus afarensis* (S. 46).

Südlich von Hadar, im Middle Awash Gebiet, liegen weitere Fundstellen von *Australopithecus afarensis*, beispielsweise in Maka (Abb. 1), und der Fundort von *Ardipithecus ramidus* (S. 29) die durch das *Middle Awash Research Project* bearbeitet werden.

In Südäthiopien wurde 1992 an einer neuen Fundstelle, Konso-Gordula (Abb. 1), wo auch *Homo erectus*-Fragmente (S. 92) gefunden wurden, von Gen Suwa ein fast vollständiger Schädel eines *Australopithecus robustus* entdeckt. Da die Fossilisationsbedingungen im Äthiopischen Abschnitt des afrikanischen Rifts hervorragend waren, sind durch die jetzt wieder intensivierten Geländearbeiten in naher Zukunft noch weitere bedeutende Funde zu erwarten.

Andere Fundgebiete

Bis 1995 war es eine feste Lehrmeinung, daß Australopithecinen nur im Nordosten, Osten und Süden Afrikas lebten. Die von Yves Coppens propagierte *East Side Story* nimmt auf den Einfluß der Entstehung des afrikanischen Rifts auf das Klima und die Vegetation und somit auf den Lebensraum der

Hominiden Bezug. Daher verursachte der Fund eines Australopithecinen-Fragments durch ein französisches Team unter Leitung von Michel Brunet 1995 im Tschad (Bahr el gazal in Abb. 1), ca 2500 km westlich des Afrikanischen Rifts, einen wissenschaftlichen Schock. Die Funde wurden 1996 von Brunet und Kollegen als neue Art *Australopithecus bahrelgazali* (arabisch für Gazellenfluß) von *Australopithecus afarensis* und *Australopithecus anamensis,* den beiden anderen frühen Australopithecinen-Arten, abgetrennt.

Durch diese Funde ist nicht nur das bekannte Verbreitungsgebiet der Gattung *Australopithecus* stark erweitert, sondern es bewahrheitet sich auch eine alte Weisheit der Paläontologie: Fehlende Fossilien bedeuten nicht, daß entsprechende Lebewesen nicht vorhanden waren, sondern belegen oft nur, daß ihre Überreste seither nicht entdeckt wurden.

Eine weitere große Lücke in der Verbreitung der Australopithecinen bildete, neben dem westlichen Afrika, bis vor kurzem das fast 3000 km lange Gebiet Südost-Afrikas zwischen den Fundstellen im Süden und im Osten des Kontinents. Dem deutschen Team des *Hominid Corridor Research Project* (HCRP) gelang 1996 an der Fundstelle Malema (Abb. 1) mit einem ca. 2,5–2,4 Millionen Jahre alten Oberkieferfragment der erste Fund eines robusten Australopithecinen im „Hominiden-Korridor". Es handelt sich um das älteste bekannte Fragment der Art *Australopithecus boisei* (S. 59). Da ebenfalls in Malawi bereits Reste des ältesten Urmenschen *Homo rudolfensis* gefunden wurden (S. 68), scheint belegt, daß bereits vor fast 2,5 Millionen Jahren die robusten Australopithecinen und die frühen Angehörigen der Gattung *Homo* das Gebiet gemeinsam bevölkerten. Diese Erkenntnis liefert entscheidende Hinweise auf die Ursachen der Entstehung der Gattung *Homo* (S. 72).

Es zeichnet sich ab, daß zwischen drei verschiedenen Hauptgruppen der Australopithecinen geographisch und zeitlich zu unterscheiden ist: der Australopithecinen-Stammgruppe im äquatorialen, der grazilen Australopithecinen des südlichen und der robusten Australopithecinen, die manchmal auch gemeinsam als *Paranthropus* bezeichnet werden und die sich vom äquatorialen Bereich Afrikas nach Süden ausbreiteten. Zusammenfassend ergibt sich damit für die Australopithecinen folgende Fundlage (Abb. 1):

Australopithecinen-Stammgruppe
Australopithecus anamensis (4,2–3,8 Millionen Jahre):
Kanapoi, Allia Bay (Kenya)
Australopithecus bahrelgazali (3,5–3,2 Millionen Jahre):
Bahr el gazal (Tschad)
Australopithecus afarensis (3,7–2,9 Millionen Jahre):
Laetoli (Tanzania) (Abb. 5), Hadar, Maka (Äthiopien)

grazile Australopithecinen
Australopithecus africanus (3–2 Millionen Jahre):
Taung (Abb. 4), Sterkfontein (Abb. 4), Makapansgat,
Gladysvale (Südafrika)

robuste Australopithecinen
Australopithecus aethiopicus (2,6–2,3 Millionen Jahre):
Omo (Äthioipen), Lomweki (Kenya)
Australopithecus boisei (2,4 bis 1,1 Millionen Jahre):
Olduvai Gorge (Abb. 7), Peninj (Tanzania), Koobi Fora
(Kenya), Omo, Konso-Gardula (Äthiopien), Malema
(Malawi)
Australopithecus robustus (1,8–1,3 Millionen Jahre)
Kromdraai, Swartkrans (Abb. 7), Drimulen (Südafrika)

Wenn auch aufgrund neuer Funde in großer Zahl gerade in letzter Zeit der Stammbaum des Menschen ständig umgeschrieben werden muß, so gibt es doch wenigstens keinen einzigen Australopithecinen-Fund, der nicht vom afrikanischen Kontinent stammt. Daher nimmt mit jedem weiteren Fund die Wahrscheinlichkeit zu, daß die Wiege der Vormenschen in Afrika gestanden hat.

Die Australopithecinen-Stammgruppe

Australopithecus anamensis

Die Vormenschen der Gattung *Australopithecus* entstanden wahrscheinlich vor über 5 Millionen Jahren aus einem gemeinsamen Vorfahren mit den Schimpansenvorläufern. Die ältesten bekannten Funde der Australopithecinen (*Australopithecus anamensis*) sind knapp über 4 Millionen Jahre alt, stammen aus dem Turkana-Becken in Nord-Kenya und wurden von Meave Leakey 1994 beschrieben (S. 40.) Außer in Kanapoi wurden Reste dieser Art auch am Nordostrand des Turkana-Sees, in Allia Bay, entdeckt.

Australopithecus anamensis unterscheidet sich deutlich vom etwas älteren *Ardipithecus ramidus*, aber auch vom späteren *Australopithecus afarensis*. Vor allem fällt auf, daß sowohl im Oberkiefer als auch im Unterkiefer die Zahnreihen fast parallel stehen. Die Eckzähne des Unterkiefers stehen deutlich schräg zur Kaufläche und sind, ebenso wie die Backenzähne, sehr groß.

Während der Schädel eher menschenaffenähnlich wirkt, ist der Bau der Extremitäten nur mit Mühe von dem des modernen Menschen zu unterscheiden. Im Gegensatz zur späteren Art *Australopithecus afarensis* war der aufrechte Gang bei dem früheren *Australopithecus anamensis* offenbar schon voll entwickelt. Für diese paradoxe Situation gibt es nur zwei Erklärungsmöglichkeiten: Entweder gehören die in Kanapoi gefundenen Oberschenkelknochen nicht zu *Australopithecus anamensis* oder *Australopithecus anamensis* ist kein direkter Vorfahre von *Australopithecus afarensis*. Im zweiten Fall eröffnet sich die höchst spannende Aussicht, daß die ersten Angehörigen der Gattung *Homo* vielleicht sogar direkt auf *Australopithecus anamensis* zurückzuführen sind.

Die Gegend um den Turkana-See ist heute karg, trocken und staubig; Vegetation wächst nur entlang ausgetrockneter Flußläufe. Die Antilopen-Funde aus der Zeit vor 4 Millionen Jahren, zum Beispiel Kudus, lassen auf einen ehemaligen dichten Buschbestand schließen. Auch die Ernährungsgrundlagen änderten sich: Als am Ende des *Miozän* die jahreszeitlichen Trockenzeiten länger und ausgeprägter wurden, traten vermehrt die Nahrungsquellen im Boden wie beispielsweise Knollen und Speicherwurzeln in den Vordergrund, während in den Regenzeiten weiterhin Früchte, Kerne und Hülsen der Waldgebiete zur Verfügung standen. Mehr als eine Million Jahre lang waren somit Morphologie und Verhalten durch einen Lebensraum in den Bäumen (*arboreal*) als auch am Boden (*terrestrisch*) unterschiedlichen Anforderungen ausgesetzt. Die Fauna von Kanapoi zeigt deutlich, daß sich dort vor 4 Millionen Jahren eine relativ trockene und offene Landschaft befand. Zum Beispiel sind die Reste von Flußpferden selten, demnach waren die Flüsse wohl nicht ganzjährig wasserführend.

Die angrenzende baumbestandene Savanne bot neue Lebensräume, die geschützten Bereiche waren jedoch durch weite baumlose Gebiete voneinander getrennt. Da die Eckzähne nicht wie bei den Menschenaffen als Tötungsinstrumente geeignet waren, muß ein wirkungsvoller Schutz vor Beutegreifern im Aufsuchen von schützenden Baum- und Dornbuschgruppen bestanden haben. Bei den hier lebenden Hominiden lag der Selektionsvorteil in der Entwicklung eines verhaltens- und konstruktionsabhängigen Bewegungsrepertoires zur Überwindung der ausgedehnten Zwischengebiete. Eine dieser Strategien ist der zweibeinige, aufrechte Gang, die Entwicklung des „Gehens". Der aufrechte Gang brachte auch Vorteile bei intensiver Sonnen- und Bodenabstrahlung in offenen Gebieten: Der Körper wurde weniger stark erhitzt.

Aus der Tatsache, daß weder anatomische noch kulturelle Verteidigungs- geschweige denn Angriffsmerkmale bei *Australopithecus anamensis* vorhanden waren, läßt sich schließen, daß ein ausgeprägtes Sozialverhalten die entscheidende Schutzfunktion gegenüber der Umwelt übernahm. In dieser frühen Phase der Hominidenentwicklung, in der eine Verteidigung mit Hilfe der Zähne nicht mehr und mit Hilfe von Werkzeugen noch nicht möglich war, lag ein weiterer Selektionsvorteil in der starken Verfeinerung und Weiterentwicklung des primatentypischen Sozialverhaltens.

Australopithecus bahrelgazali

Bis zur Entdeckung von *Australopithecus anamensis* 1994 galten nahezu zwanzig Jahre lang Angehörige der Art *Australopithecus afarensis* (S. 47) als früheste Vormenschen. War schon mit der älteren Art *anamensis* das Bild komplizierter geworden, verwirrt nun ein neuer Fund aus dem Tschad (Bahr el gazal, Abb. 1) von 1995 den Stammbaum. Der Verbreitungsgrad von *Australopithecus* dürfte also im nordöstlichen Afrika beträchtlich groß gewesen sein. Die Spärlichkeit der Funde geht vor allem darauf zurück, daß Gebiete mit hohem Fossilisationspotential in diesem Bereich sehr selten sind.

Die Untersuchungen französischer Paläoanthropologen zeigen, daß sich diese Hominidengruppe sowohl von den beiden genannten Australopithecinen-Arten als auch von *Ardipithecus ramidus* (S. 29) anatomisch unterscheidet: Zum Beispiel war die Gesichtspartie steiler gestellt (*orthognath*) als bei den langschnäuzig (*prognath*) wirkenden Verwandten. Zusammen mit menschenähnlichen Merkmalen der Backenzähne weist dies vielleicht nicht nur auf eine neue Art hin, sondern zeigt möglicherweise noch eine potentielle Ursprungsgruppe für die Vormenschen auf. Diese Möglichkeit wird, wie oben erwähnt, auch für *Australopithecus anamensis* erwogen, dort allerdings sind es die Beinknochen, die menschenähnlich sind, während das Gebiß sehr stark dem der Menschenaffen gleicht.

Da die neue Art *Australopithecus baherelgazali* nur auf einem Kieferfragment und einem Einzelzahn beruht, erscheint es auch möglich, wenn nicht gar wahrscheinlich, daß sie sich durch die Entdeckung weiterer Fossilien aus dem Tschad als geographische Variante (Unterart) von *Australopithecus afarensis* entpuppt.

Australopithecus afarensis

Die wahrscheinlich berühmtesten Skelettreste eines Vormenschen gehören einem vermutlich weiblichen Wesen, das 1974 im äthiopischen Hadar (Abb. 1) gefunden wurde (Lucy) (Rekonstruktion Abb. 5). Eine neue Rekonstruktion des Beckens durch Martin Häussler, Universität Zürich, läßt jedoch auch die Möglichkeit zu, daß *Lucy* in Wirklichkeit ein Mann war. Fossile Fußabdrücke aus Laetoli, die vor 3,6 Mio. Jahren durch Vulkanasche-Regen konserviert worden waren, belegen, daß der dauernde aufrechte Gang bei diesen Vormenschen bereits voll entwickelt war. Australopithecinen-Funde aus Laetoli wurden gemeinsam mit denen aus Äthiopien der wissenschaftlichen Beschreibung von *Australopithecus afarensis* zugrundegelegt. Eventuell handelt es sich jedoch auch um verschiedene Arten, vor allem aufgrund großer Unterschiede im Bau der Wirbelsäule. Das Alter der Funde liegt zwischen 3,7 und 2,9 Millionen Jahren.

Australopithecus afarensis war ca. 30 bis 50 kg schwer und höchstens 1,20 m groß. Die relative Hirngröße entspricht der heutiger Schimpansen, vor allem die Backenzähne sind jedoch deutlich größer, als bei Schimpansen ähnlicher Körpergröße zu erwarten wäre. Dies läßt auf die Verarbeitung relativ grober Nahrung schließen, wie sie hauptsächlich in den an den tropischen Regenwald anschließenden Savannengebieten zu finden ist.

Aus der Anatomie der Schulterblätter und der Arme ist zu schließen, daß eine gewisse Fähigkeit zum Klettern und zur vierbeinigen Fortbewegung noch vorhanden war. Die Fingerknochen der Hand waren stärker gebogen als beim heutigen Menschen (Abb. 3). Überwiegend dürften diese Vormenschen jedoch aufrecht gegangen sein. Bei Experimenten von Peter Schmid, Universität Zürich, konnte geklärt werden, warum die Fußabdrücke von Laetoli (Abb. 5) die stärkste Eintiefung an der Fußaußenseite zeigen: Die Füße wurden nicht wie beim modernen Menschen nach vorne abgerollt, sondern *Australopithecus afarensis* bewegte sich in einer Art „Watschelgang", da die Wirbelsäule noch nicht die für den heutigen Menschen typische Beweglichkeit besaß und der Körperschwerpunkt im Bauchbereich und nicht im Beckenbereich lag. Leicht rotierende Bewegungen wurden im Hüft- und im Kniegelenk ausgeführt. Während die Arme von *Australopithecus afarensis*, wie vor allem durch das Skelett von *Lucy* bekannt, entsprechend der Vorkonstruktion bei hangelnden Menschenaffen relativ lang waren, erstaunen die im Vergleich zum modernen Menschen sehr kurzen Beine. Der aufrechte Gang war demnach recht kraftaufwendig.

Eindeutige Veränderungen gegenüber den Menschenaffen sind auch bei den Zehen zu beobachten: Während die große Zehe bei Menschenaffen abgespreizt und somit zum Greifen geeignet ist, ist sie beim Menschen verkleinert und bildet mit den anderen Zehen einen gemeinsamen belastbaren Abrollapparat, bei dem ein abgespreiztes Zehenelement funktionell keinen Sinn macht. *Australopithecus afarensis* zeigt ein evolutives Zwischenstadium, die Abspreizung der großen Zehe ist noch schwach sichtbar. Zum Greifen war allerdings der Fuß nicht mehr geeignet.

Australopithecus afarensis entstand zunächst im ostafrikanischen tropischen Bereich. Das Leben in bewaldeten Gebieten war über kurze geologische Zeiträume eine lokale Erscheinung, dennoch hatte sich *Australopithecus afarensis* vor ca. 4 Mio. Jahren im Bereich des afrikanischen Rifts ausgebreitet. Dabei war das Verhaltensrepertoire darauf ausgerichtet, eine enge Verbindung zu den breiten Uferzonen-Habitaten beizubehalten. Offensichtlich breitete sich eine Teilpopulation bis in das Gebiet des heutigen Tschad aus, wie die Reste des von dort beschriebenen *Australopithecus bahrelgazali* belegen.

Lucy und Artgenossen durchstreifte in Gruppen von vielleicht zwanzig Individuen vor etwa drei Millionen Jahren die bewaldeten Graslandschaften. Jedes Gruppenmitglied war offensichtlich weitgehend selbst für das Organisieren der eigenen Nahrung verantwortlich, denn es gibt noch keine direkten Hinweise auf Nahrungsteilung zu dieser Zeit. Der Nahrungserwerb dürfte relativ unspezialisiert gewesen sein. Früchte, Beeren, Nüsse, Samen, Schößlinge, Knospen und Pilze standen zur Verfügung. Unterirdische Wurzeln und Knollen konnten ausgegraben werden. Im Wasser und am Boden lebende kleine Reptilien, Jungvögel, Eier, Weichtiere, Insekten und kleine Säugetiere wurden nicht verschmäht.

Das Leben in jahreszeitlichen Wechseln von trockenem und feuchtem Klima führte dazu, daß nicht das gesamte Nahrungs-

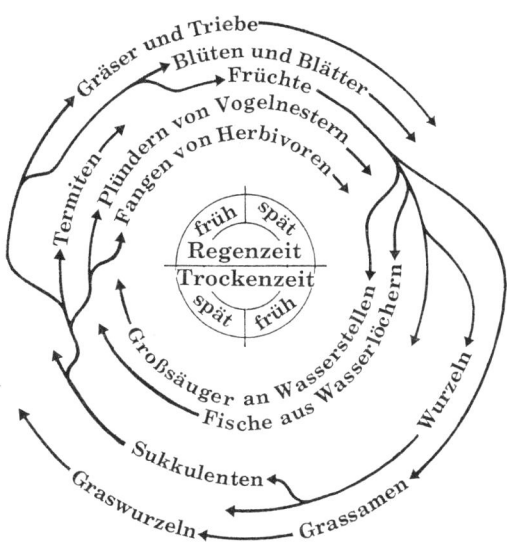

Abb. 6: Nahrungsalternativen der frühen Hominiden
im jahreszeitlichen Wechsel

spektrum das ganze Jahr über zur Verfügung stand. So ist
davon auszugehen, daß *Australopithecus afarensis* Strategien
entwickelte und das vielfältige Nahrungsangebot entsprechend der Verfügbarkeit in einem saisonalen Lebensraum
opportunistisch und bestmöglich auszunutzen wußte (Abb. 6)

Diese ernährungspolitische Strategie der Australopithecinen
setzte einen sinnvollen Informationstransfer wenigstens von
Individuum zu Individuum voraus, wenn auch noch keine
Tradierung über Generationen hinweg notwendig war. Zwar
sind keine Anzeichen für eine Sprechfähigkeit bei *Australopithecus afarensis* nachgewiesen, doch ist es wahrscheinlich,
daß sich die schon bei Menschenaffen vorhandene Kommuni-
kationsfähigkeit in diesem Funktionszusammenhang als vor-
teilhaft erwies und weiterentwickelt wurde.

Vor ungefähr 2,8 Mio. Jahren begann eine Phase der Abkühlung und zunehmenden Trockenheit in Afrika, die vor

ca. 2,5 Mio. Jahren ein Maximum erreichte. Für *Australo-pithecus afarensis* bedeutete der klimatische Umschwung die Verlagerung seiner angestammten Lebensräume und seine Ausbreitung in weiter entfernt liegende Flußufer- und geschlossene Seeufergebiete. Die Klimaveränderungen sorgten für eine Ausdehnung der offenen Lebensräume mit einem höheren Anteil an trockenbeständiger Vegetation um die verbleibenden, jedoch schmaler werdenden Bänder von üppigen Flußauewäldern.

Der Selektionsdruck dieser Umweltveränderungen erhöhte die Chancen für Hominiden mit größeren Backenzähnen (Megadontie), die sich das härtere Nahrungsangebot der Savannen erschlossen hatten. Dies galt nicht nur für Hominiden, sondern ebenso für zahlreiche andere Großsäuger, beispielsweise Antilopen, vor ca. 2,5 Millionen Jahren. Dieser Druck war groß genug, um eine stammesgeschichtliche Spaltung von *Australopithecus afarensis* in die robusten Australopithecinen (*Paranthropus)* und *Homo* vor ca. 2,5 Mio. Jahren hervorzurufen. Nach der hier vertretenen Hypothese (S. 72) gab es zwei unterschiedliche „Strategien", wie der zunehmenden Klimaverschlechterung und der damit einhergehenden Zunahme harter pflanzlicher Nahrung begegnet wurde: mit bestehender unmittelbarer Umweltabhängigkeit durch eine Verstärkung der Kaumuskulatur (bei den robusten Australopithecinen) (ab S. 56) und durch Auskoppelung aus der unmittelbaren Umweltabhängigkeit durch Entwicklung einer Werkzeugkultur (bei *Homo rudolfensis*) (ab S. 68).

Die grazilen Australopithecinen des südlichen Afrika

Australopithecus africanus

Der erste Fund eines Hominiden in Afrika, die Entdeckung des Taung-Babys (S. 33, Abb. 4), führte 1924 zur Erstbeschreibung der Gattung *Australopithecus*. Den von Raymond Dart für den damals einzigen Fund vorgeschlagenen Artnamen *africanus* tragen heute über tausend Hominiden-Reste aus dem südlichen Afrika aus der Zeit vor 3 und 2 Millionen

Jahren. Man fand Schädel von Erwachsenen und Skelettelemente zum Beispiel in den Höhlen von Sterkfontein und Makapansgat (S. 36, Abb. 1, Abb. 4).

Die Anatomie von *Australopithecus africanus* unterscheidet sich nur im Detail von der des *Australopithecus afarensis*. Die grundsätzlichen Merkmale sind schon seit dem Fund des Taung-Babys und der Erwachsenen-Schädel in den dreißiger Jahren bekannt: Die Mundregion springt vor, das Gesicht ist dadurch leicht schräg gestellt (Prognathie). Die Stirn ist wenig, der Überaugenwulst deutlich entwickelt. Die seitlichen Jochbeine sind kräftig ausladend, der Kiefer ist robust, ein Kinn fehlt. Charakteristisch ist die Kombination eines kleinen Gehirnschädels (Gehirnvolumen ca. 450 ccm), in der Größe vergleichbar mit dem der Menschenaffen, mit einem Gebiß, in dem vor allem die Schneide- und die Eckzähne fast winzig erscheinen, die Backen- und Vorbackenzähne aber doppelt so groß sind wie beim heutigen Menschen. Erstaunlich ist, daß das Gehirn sich mehr als zwei Millionen Jahre lang kaum vergrößerte. Heute beträgt das durchschnittliche Gehirnvolumen des Menschen 1450 ccm.

In einem Größenvergleich, der aber lediglich einen evolutiven Trend aufzeigt, ohne Verwandtschaftsverhältnisse auszudrücken, nimmt die Größe der Eckzähne von *A. anamensis* über *A. afarensis* bis zu *A. africanus* kontinuierlich ab, die Größe der Backenzähne hingegen nimmt in dieser Reihenfolge leicht zu. Während also die Bedeutung der Eckzähne, die bei den Menschenaffen zum Teil als Tötungs- und als Drohinstrument eingesetzt werden, abnimmt, sind die Australopithecinen zunehmend auf große Mahlzähne zur Zerkleinerung harter Nahrung angewiesen (Abb. 2).

Die von *Australopithecus afarensis* übernommene aufrecht gehende und kletternde Fortbewegungsweise wurde bei *Australopithecus africanus* kaum modifiziert. Bevor die Fußabdrücke von Laetoli einen direkten Hinweis auf die zweibeinige Lebensweise der Australopithecinen gaben, wurde dies vor allem aus Beckenfragmenten und Oberschenkelknochen geschlossen, die in Sterkfontein gefunden wurden. Sie geben beispielsweise darüber Auskunft, wie das Körpergewicht im Kniegelenk abgeleitet wurde: Bei den Schimpansen wird die größte Kraft über die größere äußere Gelenkrolle abgetragen, beim Menschen über die größere innere. Bei *Australopithecus africanus* ist eine Art Zwischenstadium in dieser Entwicklungsreihe erreicht. Der kleine Oberschenkelhals beim *Australopithecus* deutet auf eine geringere Belastungsfähigkeit hin als beim heutigen Menschen.

Australopithecus africanus kommt nur im südlichen Afrika vor, nicht im östlichen und nördlichen Bereich des Kontinents. Dort ist nur *Australopithecus afarensis* verbreitet. Diese Verteilung wird verständlich durch die Betrachtung der Klimaverschiebungen zur damaligen Zeit und deren Einfluß auf die Wanderungsbewegungen der frühen Hominiden. In Zeiten relativ warmen und feuchten Klimas vor ca. 3,5–3 Millionen Jahren kam es zur Ausbreitung einiger Populationen von *Australopithecus afarenis* entlang von Uferzonen-„Korridoren" in das südliche Afrika (Abb. 12). Diese Ausbreitung wurde durch die Entstehung des Malawi-Sees (Abb. 1) und durch das Vordringen des südlichsten Abschnitts des afrikanischen Grabens (Malawi-Rift) in die gemäßigten Bereiche Afrikas ermöglicht.

Die Hominiden behielten hierbei zunächst ihre Bindungen an bewaldete Lebensräume bei, dies besonders in gemäßigteren Klimaten und in geographischer Isolation am äußersten Rand ihres Verbreitungsgebietes. Die Ausbreitung führte erst zur Ausbildung einer geographischen Variante von *Australopithecus afarensis* und nachfolgend zur Entstehung von *Australopithecus africanus* als Teil der einheimischen Fauna des südlichen Afrika. Aufgrund dieses Szenarios kann im südlichen Afrika nicht mit dem Auffinden von mehr als 3 Millionen Jahre alten Vormenschen gerechnet werden.

Die Lebensbereiche von *Australopithecus africanus* im südlichen Afrika war nicht die offene Savanne, sondern Waldrandgebiete, die oft auch in der Nähe von Flußläufen zu finden sind (Galeriewald). Im Gebiet des heutigen Sterkfontein-Tales wuchsen sogar tropische Regenwälder mit Lianenbewuchs. Im Gebiet des heutigen Makapansgat konnte erst kürzlich ein dichter Waldbestand zu Zeiten der Australopithecinen nachgewiesen werden. In einem Radius von ca. 15 km um Makapansgat finden sich heute 136 eßbare Pflanzenarten: 79 Früchte, 11 Blätter, 16 Wurzeln und 31 verschiedene Pflanzenharze.

Da sich *Australopithecus africanus* als Allesfresser ernährte, gehörte Fleischnahrung zum Speiseplan. Da es keine deutlichen Anzeichen für Jagdverhalten wie etwa Schnittspuren auf den Knochenresten gibt, wurden wohl nur kleinere Tiere gejagt, wenn dies ohne Bedrohung möglich war. Vermutlich hat sich *Australopithecus* in recht opportunistischer Manier von allem ernährt, dessen er habhaft werden konnte, mit wechselnden Pflanzen- und Fleischanteilen entsprechend der Jahreszeit. Viel häufiger als die Jagd war bei *Australopithecus* das Fleddern schon gerissenen Wildes, ein auch für Schimpansen nicht unübliches Verhalten. Gerade in den Trockenzeiten war Aas, zum Beispiel von verhungerten Tieren, reichlich zu finden. Allerdings kam *Australopithecus* erst an die Reihe, nachdem sich Löwen, Geparden, Hyänen und Geier bedient hatten.

In einer solchen Umgebung war die Lebensweise von *Australopithecus africanus* einerseits darauf ausgerichtet, durch geschicktes Verhalten alle Nahrungsmöglichkeiten auszuschöpfen. Andererseits war diese Ernährungsstrategie immer damit gekoppelt, für ausreichenden Schutz des Individuums zu sorgen: Kinder wurden von den Eltern getragen, die Zusammengehörigkeit in der Gruppe wurde gefördert, Informationen wurden ausgetauscht, Rückzugsgebiete, zum Beispiel Bäume, wurden definiert und genutzt. Wahrscheinlich wurden auch aktiv Hilfsmittel zur Verteidigung gegen Beutegreifer eingesetzt, wie zum Beispiel ausgerissene Dornbüsche, die eine abschreckende Wirkung erzielten. Denn wir wissen heute: *Australopithecus africanus* war nicht der Jäger, als der er oft dargestellt wurde, in Wirklichkeit war er der Gejagte.

So hatte sich Ende der fünfziger Jahre Raymond Dart, der Entdecker des „Taung-Babys" mit einer Hypothese zur Kultur der Vormenschen zu Wort gemeldet. Die weit über 100 000 in

Makapansgat (Abb. 1) gefundenen fossilen Knochenfragmente, die hauptsächlich von Antilopen stammen, regten seine Phantasie an. Da er Feuerbenutzung durch die Australopithecinen für bewiesen hielt (S. 36), stellte er sich eine Knochen-, Zahn- und Hornkultur vor und erklärte die Knochenansammlungen zu fossilen Knochen-„Müllkippen" von *Australopithecus africanus*. Die sogenannte *osteodontokeratische Kultur*, die vor allem in den sechziger Jahren stark popularisiert wurde, sieht die Vormenschen als blutrünstige *Killer-Apemen*. Nach Darts Hypothese sollen die aggressiven und jagenden Vormenschen sich nicht nur als gefürchteter Jäger Nahrungstiere aller Art verschafft haben, sondern die Reste ihrer Beutetiere als Jagdwaffen eingesetzt und sogar gegen Artgenossen gerichtet haben.

Die Dart'sche Theorie der *osteodontokeratischen Kultur* rief viel Zustimmung, aber auch starken Widerspruch hervor; doch stellte sich heraus, daß weder über die Bildung von Fossilienlagerstätten noch über das Sozialverhalten von Primaten genügend Wissen vorlag, um die Theorie zu widerlegen. In dieser Situation wurden die beiden heute für die moderne Paläoanthropologie wichtigsten Forschungsrichtungen initiiert, die Taphonomie (S. 16) und die beobachtende Verhaltensforschung an Primaten. So war beispielsweise der Beginn der Schimpansenforschung Jane Goodalls eine direkte Folge der Aggressions-Theorie Darts, angeregt durch Louis Leakey (S. 39). Wenn auch die *osteodontokeratische Kultur* selbst aufgrund der durch sie ausgelösten und nachfolgenden Grundlagenforschung widerlegt wurde, kommt ihr wissenschaftsgeschichtlich daher dennoch größte Bedeutung zu.

Da sich zum Beispiel zeigte, daß die Werkzeugbenutzung, sogar manchmal die Werkzeugherstellung bei allen höheren Primaten eine große Rolle spielt, spricht nichts dagegen, daß *Australopithecus africanus* Knochenreste als Hilfsmittel eingesetzt haben könnte. Nur lassen sich die gewaltigen Knochenansammlungen etwa in Makapansgat in keinem Fall als eine Deponie abgenutzter Werkzeuge interpretieren. Bob Brain vom Transvaal Museum, Pretoria, untersuchte die Bildungsbedingungen für Knochenakkumulationen in Höhlen. Er zeigte, daß die Vormenschen ein zwar möglicher, aber nur sehr untergeordneter Faktor hierfür sein konnten. Wesentlich häufigere Faktoren sind zum Beispiel das Einspülen von außen oder der Eintransport durch Stachelschweine, Hyänen oder Säbelzahntiger.

In anderen Fällen können Leoparden und Eulen dafür verantwortlich gemacht werden: Deutliche Spuren hinterließ ein Leopard auf einer fossilen Schädeldecke aus Swartkrans, der sein Opfer, einen jugendlichen *Australopithecus* mit einem Biß über den Augen tötete (und dabei Verletzungsspuren erzeugte, die Raymond Dart im Sinne seiner Theorie als durch gezielten Angriff eines Artgenossen hervorgerufen ansah), ihn auf einen Baum schleppte, von wo die Reste der Mahlzeit herunterfielen. Da in den wasserarmen Gegenden Transvaals Bäume oft Höhleneingänge markieren, gelangten so die Fragmente in die darunterliegenden Höhlen, wo sie fossilisierten. Das Baby von Taung wurde nach neuesten Untersuchungen von Lee Berger, *University of the Witwatersrand*, Johannesburg, wahrscheinlich Opfer eines großen Greifvogels, wie vielleicht sogar alle Tiere aus dieser Fundstelle. Entsprechende Spuren sind auf dem Innenausguß es Gehirnschädels des Taung-Babys (Endocranialausguß, Abb. 4) überliefert. Dies würde auch erklären, warum trotz jahrelanger und intensiver Geländearbeit in Taung durch Jeff McKee kein Rest eines erwachsenen Australopithecinen gefunden wurde: Ausgewachsene Australopithecinen waren zu schwer, um von Geifvögeln transportiert zu werden.

Nicht nur die Hypothese von der osteodontokeratischen Kultur konnte widerlegt werden, auch die von Raymond Dart als Spuren von Feuerbenutzung interpretierte Schwarzfärbung der Knochenreste in Makapansgat hielten nicht, was sie versprachen; es handelte sich um chemische Ausfällungen von Mangan (S. 36). Das läßt den Schluß zu, daß *Australopithecus africanus* nicht in den Höhlen des südlichen Afrika lebte, sondern nur seine Reste dort wegen des großen Überlieferungspotentials erhalten blieben, waren sie auf unterschiedlichen Wegen erst einmal dort hineingelangt. Die Akkumulation der Knochenreste in Höhlen führte zu charakteristischen Beschädigungen, von Dart fälschlich als Beweis für innerartliche Aggression gedeutet. Ein derartiges Verhalten hätte in einer relativ bedrohlichen Umwelt mehr Nachteile als Vorteile gebracht. Während, dem damaligen ideologischen Weltbild entsprechend – in der Zeit des kalten Krieges –, die Aggression als wesensbestimmendes Merkmal des Menschen angesehen wurde, gehen wir heute von einer viel größeren Bedeutung des kooperativen Sozialverhaltens bei der Evolution der Vormenschen aus.

Über das spätere Schicksal von *Australopithecus africanus* gehen die Meinungen auseinander. Vielfach wird angenommen, daß er den Ursprung für die robusten Australopithecinen bildete, die später mit *Australopithecus robustus* auch im südlichen Afrika vorkommen. Jedoch ist es aufgrund klima- und biogeographischer Rekonstruktionen (S. 75) viel eher plausibel, daß sich eine Teilpopulation zu *Australopithecus (Homo) habilis* weiterentwickelte. Dies geschah zu einer Zeit, als aus *Australopithecus afarensis* des östlichen Afrika sowohl die Art *Homo rudolfensis* als auch die robusten Australopithecinen bereits hervorgegangen waren.

Die robusten Australopithecinen

Alle der bislang besprochenen Australopithecinen wurden oder werden in verschiedenen Stammbaum-Hypothesen, von denen es soviele gibt wie Paläoanthropologen, als mögliche Vorfahren der Urmenschen der Gattung *Homo* gehandelt. Im Falle der drei robusten Australopithecinen-Arten: – *aethiopicus*, – *boisei* und – *robustus* besteht jedoch breite Übereinstimmung, daß es sich hierbei um Angehörige eines ausgestorbenen Seitenzweiges im Hominidenstammbaum handelt. Daher werden manchmal die drei robusten *Australopithecus*-Arten in einer eigenen Gattung, *Paranthropus*, zusammengefaßt.

Vor ca. 2,5 Millionen Jahren erfolgte eine eindeutige und die einzige große Spaltung des gesamten Hominidenstammes.

Wahrscheinlich ist, daß der Ursprung der beiden hierdurch entstandenen Hominiden-Linien – also deren gemeinsamer Vorfahre – *Australopithecus afarensis* ist. Danach lebten dann zwei grundverschiedene Hominidentypen gleichzeitig nebeneinander. Dies ist zum Beispiel aus Olduvai Gorge, aus Koobi Fora und aus Konso-Gardula bekannt. Der älteste Nachweis für diese „Ko-Existenz" (2,5–2,4 Millionen Jahre) gelang 1996 in Nord-Malawi. Die eine Linie führt zum *Homo sapiens*, die andere in die Sackgasse: Die robusten Australopithecinen starben vor ca. 1 Million Jahren aus.

Allen robusten Australopithecinen sind wesentliche Merkmale in der Konstruktion des Schädels und der Bezahnung gemeinsam. Der Gesichtsschädel ist sehr breit. Die Jochbögen, an denen der Teil der Kaumuskulatur entspringt, der an der Wangenseite zum Unterkiefers zieht, sind sehr kräftig und weit ausladend. Am auffälligsten ist jedoch die Ausbildung eines Scheitelkammes an der Oberseite des Schädels. Ursache dafür ist ebenfalls ein umfangreiches Kaumuskelpaket: Die aus der Schläfenregion seitlich vom Schädel abwärts führenden Kaumuskeln haben ihr Ursprungsfeld auf beiden Seiten in Richtung Schädeloberseite stark vergrößert und stoßen oben am Scheitelkamm mittig zusammen. Die Muskeln sind nicht nur wesentlich stärker ausgedehnt, sondern erreichen auch eine mehrfache Dicke der Kaumuskeln heutiger Menschen. Die äußere Kopfform der robusten Australopithecinen wurde also nicht durch die Form der Schädelknochen bestimmt, wie beim heutigen Menschen, sondern durch Muskelpakete, vergleichbar heutigen Gorillas. So läßt der Knochenkamm – bei den weiblichen Exemplaren weniger stark ausgebildet – auf massige Kaumuskelpakete schließen. Auch dies deutet, ebenso wie die übergroßen (megadonten) Backenzähne, darauf hin, daß vor allem harte und grobe pflanzliche Nahrung, zum Beispiel Samen und harte Pflanzenfasern, zerkaut wurden.

Diese charakteristischen Besonderheiten, die sie von allen anderen Hominiden unterscheiden, stehen in Zusammenhang mit einer Spezialisierung auf überwiegend vegetarische Nahrung. Da das Zerkauen pflanzlicher Nahrung durch stets enthaltene Quarzanteile eine starke und schnelle Abnutzung der Zähne nach sich zieht, sind vor allem die Vorbacken- und die Backenzähne der robusten Australpithecinen enorm verbreitert. Ihre Kronenflächen sind zwischen zwei- und dreimal so groß wie bei heutigen Menschen.

Die Zahnoberflächen der fossilen Backenzähne bieten einen direkten Einblick in die Nahrung, an deren Zerkleinerung sie beteiligt waren, da pflanzliche Nahrung typische Spuren auf dem Zahnschmelz hinterläßt. Auch die räumliche Anordnung der mikroskopisch kleinen Prismenbausteine, die den Zahnschmelz aufbauen, ist funktionell bedingt, also an die Ernährung gekoppelt. Die Kombination verschiedener dieser Merkmale bietet die Grundlage, Ernährungsweisen früher Hominiden zu rekonstruieren, und führt bei neuen Funden zur Bestimmbarkeit auch einzelner, kleinster Zahnfragmente, zum Beispiel als Fragment eines robusten Australopithecinen. Neben diesen gemeinsamen Merkmalen aller robusten Australopithecinen weisen die einzelnen Arten jedoch auch eigene Charakteristika auf.

Australopithecus aethiopicus

Aufgrund eines einzigen Schädelfundes aus Lomweki, dem zahnlosen Exemplar WT 17000 vom Westufer des Lake Turkana bei Lomweki (Abb. 1) (*black skull*) wurde diese Art 1985 von Alan Walker und Richard Leakey beschrieben. Die Art lebte im Zeitraum zwischen 2,6 und 2,3 Millionen Jahren. Der Schädel WT 17000 besitzt den größten und massivsten Scheitelkamm, der je bei Hominiden gefunden wurde. Das Gehirn ist mit ca. 410 ccm relativ klein, das breite flache Gesicht und der Kiefer wirken äußerst massiv. Da die hinteren Abschnitte des Schädels an die Anatomie von *Australopithecus afarensis* erinnern, liegt eine Mischung ursprünglicher und weiterentwickelter (abgeleiteter) Merkmale vor.

Australopithecus boisei

Als in Olduvai Gorge (Abb. 1) 1959 der erste frühe Hominide gefunden wurde, war die Überraschung groß: Der Schädel

OH 5 (*Olduvai Hominid 5*) (Abb. 7) übertraf an Robustheit alle bis dahin bekannten Australopithecinen (*Australopithecus robustus* s. u.). Die jüngsten Funde und gleichzeitig geologisch ältesten Reste dieser Art stammen aus Nord-Malawi. Ein vom Hominiden-Korridor-Projekt in Malema (Abb. 1) 1996 ergrabenes Oberkieferfragment ist ca. 2,5–2,4 Millionen Jahre alt.

Ursprünglich wurde für den „Nußknacker-Mann" aus Olduvai Gorge eine neue Hominidengattung *Zinjanthropus* geschaffen. Mit dem heute zur Verfügung stehenden Fundmaterial und dem dadurch möglichen Überblick über die anatomischen Variabilitäten wird die Art *boisei*, die nach dem Hauptfinanzier der Leakeyschen Grabungen, dem Londoner Geschäftsmann Charles Boise benannt ist, der Gattung *Australopithecus* zugeordnet. Die Gehirngröße liegt mit 530 ccm Volumen leicht über der von *Australopithecus aethiopicus*. Das Gesicht ist sehr massiv, der Knochenkamm kräftig ausgeformt. Die Backenzähne sind teilweise über 2 cm breit.

Australopithecus robustus

Die Art wurde erstmals schon 1936 von Robert Broom aus Kromdraai (Abb. 1) beschrieben, über 10 Jahre später mit dem Schädel SK 48 (Abb. 7) auch aus Swartkrans (Abb. 1). Viele weitere Fragmente kamen seither hinzu, vor kurzem erst ein fast vollständiger Schädel von einer neuen Fundstelle in Südafrika, Drimulen, der alle anderen bekannten *Australopithecus robustus*-Schädel bei weitem übertrifft. Alle Funde sind zwischen 1,8 und 1,3 Millionen Jahre alt.

Das Gesicht von *Australopithecus robustus* ist typischerweise sehr breit. Der Vorderkopf ist flach, kräftige Überaugenwülste sind entwickelt. Im Gegensatz zu *Australopithecus aethiopicus* und – *boisei* ist der Scheitelkamm schwächer ausgebildet, wenn auch an den meisten Schädeln deutlich zu erkennen. Das durchschnittliche Gehirnvolumen beträgt 530 ccm. Die Schneide- und die Eckzähne sind relativ klein, verglichen mit den Mahlzähnen zum Beispiel im Unterkiefer.

Wenn auch von den übrigen robusten Hominiden keine „kulturellen" Hinterlassenschaften bekannt sind, ist zumindest

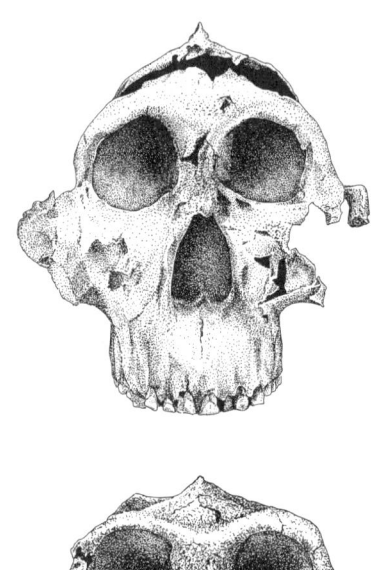

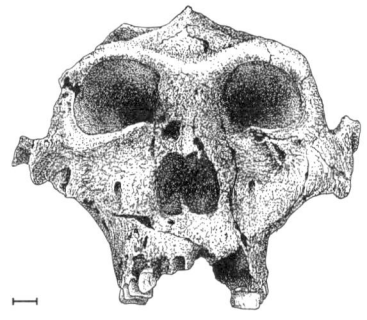

Abb. 7: robuste Australopithecinen.
oben: *Zinj*, Schädel OH5 aus Olduvai Gorge, Tanzania
(Alter ca. 1,8 Mio. J.), *Australopithecus boisei*
unten: Schädel SK 48 aus Swartkrans, Südafrika
(Alter ca. 1,5 Mio. Jahre), *Australopithecus robustus*

für *Australopithecus robustus* nachzuweisen, daß sie Knochenwerkzeuge zum Ausgraben unterirdischer pflanzlicher Speicherorgane, wie Knollen und Wurzeln, benutzten. Von Bob Brain in Swartkrans gefundene Knochenfragmente, die entsprechende Abnutzungsspuren zeigen, wurden nicht nur einmal, sondern mehrmals benutzt. Zwar handelte es sich hierbei nicht um gezielt hergestellte Werkzeuge, doch wurden die Grabwerkzeuge als persönliches Eigentum offensichtlich über viele Monate hinweg verwendet.

Die drei robusten Arten der Australopithecinen zeigen vor allem deutliche Unterschiede in der „Robustheit" der Schädel. So werden *Australopithecus boisei* und – *aethiopicus* als „hyperrobust" bezeichnet. Innerhalb der gesamten Gruppe vollzog sich also eine morphologische Entwicklung. Einige Modelle gehen von einer fortschreitenden Änderung, das heißt von einer Zunahme der Robustizität im Laufe der Zeit aus. Da jedoch *Australopithecus robustus* nur aus dem südlichen Afrika bekannt ist, geht die hier vertretene Ansicht von einem umgekehrten Szenario aus: Die „Robustheit" entstand im Zusammenhang mit zunehmender Trockenheit in Afrika vor ca. 2,5 Millionen Jahren relativ schnell, und verlor sich im Laufe der Zeit bei *Australopithecus robustus* im südlichen Afrika in Abhängigkeit von Klimaverbesserungen nach ca. 2 Millionen Jahren allmählich wieder.

Die bereits erwähnte, weltweit in Tiefseesedimenten nachgewiesene Phase einer globalen Abkühlung, die vor ca. 2,8 Millionen Jahren begann und vor ca. 2,5 Millionen Jahren ihren Höhepunkt erreichte, brachte einschneidende Veränderungen mit sich. Während auf der nördlichen Hemisphäre die Eiszeit begann, nahm in Afrika die Jahresmitteltemperatur um ca. 5 Grad ab. Gravierender waren die Auswirkungen der einhergehenden Zunahme der Trockenheit (*Aridifizierung*), die zu einer geographischen Verlagerung der Vegetationsgebiete (Habitate) und der Lebensräume (Biome) führte. Die tropischen Biome verengten sich von Norden und Süden her äquatorwärts, die offenen Savannengebiete breiteten sich aus.

Einige Populationen der Stamm-Australopithecinen, wahrscheinlich Angehörige von *Australopithecus afarensis,* begannen den neuen Lebensraum auszunutzen. Sie hielten zunächst Verbindung zu den früchtereichen wasserführenden Zonen, besonders während den Trockenzeiten, waren jedoch ebenso in der Lage, mit ihren Backenzähnen jene härtere Nahrung aufzuschließen, die in den offenen Lebensräumen während der günstigeren Jahreszeiten reichlich zur Verfügung stand.

Im Laufe der Zeit entwickelte sich bei diesen spezialisierten Hominiden ein sehr viel robusterer Gesichtsschädel und eine *megadonte* Bezahnung, um die härtere Nahrung der Savannen effizienter verarbeiten zu können. Spätestens vor 2,5 Millionen Jahren war *Australopithecus aethiopicus* im östlichen Afrika etabliert. Auch der weiterentwickelten Form *Australopithecus boisei* ging wahrscheinlich nie die ursprüngliche Verbindung zu den geschlosseneren Habitaten ihres Lebensraumes verloren, da diese Bereiche durch ihren Baumbestand nach wie vor Schutz, Schlafplätze und ein gewisses Maß an Nahrung bereithielten.

Erst vor ungefähr 2 Millionen Jahren begann in Afrika eine Umkehrentwicklung vom relativ kühlen und trockenen Klima hin zu etwas wärmeren und feuchteren Verhältnissen. Es folgte eine Phase der Ausweitung der äquatornahen tropischen Lebensräume (Biome). Dadurch wurden Wanderungsbewegungen vom Äquator weg ermöglicht. Die hierbei entstandene Art *Australopithecus boisei* breitete sich entlang der wiederentstandenen nahrungsreichen Habitate in das südliche Afrika aus, begann sich unter dem Einfluß des gemäßigteren Klimas zu verändern und entwickelte sich zu *Australopithecus robustus.*

Am Beginn der Besiedlung neuentstandener Savannengebiete besaßen die robusten Australopithecinen durchaus Selektionsvorteile. Jedoch hatten sich vor ca. 1 Million Jahren in Afrika einerseits spezialisierte Pflanzenfresser unter den Großsäugern (zum Beispiel Schweine und Antilopen), andererseits effiziente, durch effektive Werkzeuge unterstützte Allesfresser unter den Hominiden (Gattung *Homo* S. 72) etabliert. Die dadurch entstehende Nahrungskonkurrenz führte zum Aussterben der robusten Australopithecinen zu einer Zeit, als mit *Homo erectus* die Gattung *Homo* bereits ihren Siegeszug bis nach Asien und Europa angetreten hatte (S. 80).

Afrika – Die Urheimat des Menschen (*Homo*)

Fundorte und Fundgeschichte

Zur Zeit der Entdeckung des ersten *Australopithecus* 1924 waren mit *Pithecanthropus* (S. 81) die ältesten „Urmenschen" seit 1891 aus Asien bekannt. Als man akzeptierte, daß es einen afrikanischen Vormenschen gab, wuchs in den dreißiger Jahren auch die Hoffnung, nicht nur die Wiege der Vormenschen, sondern auch die der Urmenschen in Afrika belegen zu können. Heute gibt es nicht nur hierfür handfeste fossile Indizien, sondern es erscheint sogar sehr wahrscheinlich, daß selbst der moderne Mensch seinen Ursprung wiederum in Afrika hatte (S. 117).

Der bereits erwähnte Archäologe Louis Leakey war zeitlebens von den afrikanischen Wurzeln der Menschheit überzeugt. Bereits 1932 fand er erste Hinweise auf eine frühe Existenz der Gattung *Homo* in Afrika mit einem Fund eines Unterkieferfragments in Kanam an der Ostseite des Lake Victoria (Abb. 1), das heute zu *Homo erectus* (S. 92) gerechnet wird. In Olduvai Gorge (Bed I, Alter ca. 1,8 Millionen Jahre) entdeckte Leakey später sehr ursprüngliche Gerölle, von denen Splitter abgeschlagen waren, Reste der von ihm so genannten Oldowan-Kultur. Auf der Suche nach deren Produzenten tauchte 1959 zunächst *Zinjanthropus* auf (S. 37), der aber aufgrund seines geringen Hirnvolumens nicht als „Urmensch" überzeugte.

Jonathan Leakey fand aber kurz darauf, 1960, in derselben Fundschicht *Olduvai Hominid* 7 („OH 7"), bestehend aus zwei sehr viel weniger robusten Schädelknochen mit dazugehörigem Unterkiefer (*Jonny's Child*) und einigen Handknochen. Aus der Wölbung der Schädeldach-Fragmente konnte ein Gehirnvolumen von 680 ccm berechnet werden, deutlich mehr als bei den robusten Australopithecinen.

Gemeinsam mit Phillip Tobias aus Johannesburg und dem Spezialisten für Hand- und Fußanatomie, John Napier, taufte Louis Leakey 1964 mit diesem Funde die neue Art *Homo habilis.* Diese Bezeichnung („fähiger Mensch") wurde von Raymond Dart, dem Entdecker des *Taung-Baby* (S. 33) vorgeschlagen, da man nun endlich den Hersteller der Geröllwerkzeuge in Olduvai Gorge ausgemacht zu haben glaubte. Seither wurden in der ca. 40 km langen Olduvai-Schlucht zahlreiche Reste des *Homo habilis* geborgen: 9 Schädelreste, 4 Unterkieferfragmente, 19 Zähne und 8 Fragmente von Skelettpartien. Ein fast kompletter Schädel, ca. 1,8 Millionen Jahre alt, wenn auch stark verdrückt, ist *Twiggy* (OH 24), der 1986 gefunden wurde.

Ein weibliches Skelett und zugehörige Schädelteile und Zähne (OH 62) setzte Tim White 1986 aus vielen von ihm in Olduvai aufgespürten kleinen Fossilfragmenten zusammen. Dieser Fund zeigte deutlich, daß *Homo habilis* zwar wie der moderne Mensch aufrecht ging und ein größeres Gehirnvolumen besaß als alle Australopithecinen, jenen jedoch vor allem im Skelettbau sehr ähnlich war: Die ursprünglichen Annahmen von der Ähnlichkeit des Skelettbaus von *Homo habilis* zum modernen Menschen mußten stark revidiert werden. Ein neuer Schädelfund von *Homo habilis* gelang 1995 in Olduvai Gorge einem tanzanisch-amerikanischen Team unter Leitung von Rob Blumeshine und Fidel Masao.

Zwar wurde Anfang der sechziger Jahre von Yves Coppens bei Yayo (Tschad, Abb. 1) ein Unterkiefer gefunden, der ebenfalls aus der Ursprungszeit der Gattung *Homo* stammt. Jedoch war ein Jahrzehnt lang die Fundlage zu den frühesten Angehörigen der Gattung *Homo* ausschließlich durch die berühmten *Olduvai Hominiden* geprägt. In dieser Zeit und noch lange danach spielte und spielt daher *Homo habilis* in vielen Hypothesen eine fast unverrückbare und zentrale Rolle. Erst mit Beginn des *Koobi Fora Research Projects* in Kenya unter Leitung von Richard Leakey, dem Sohn Louis Leakeys, kam wieder Bewegung in die Forschungen zum Ursprung der Gattung *Homo*. Aus den zahlreichen Fundstellen Koobi Foras am Ostufer des Turkana-Sees (Abb. 1) wurden seit 1970 9 zum Teil gut erhaltene Schädel (Abb. 8), 10 Unterkiefer, 6 Zähne und 5 Fragmente von Skelettpartien entdeckt, die Ähnlichkeiten

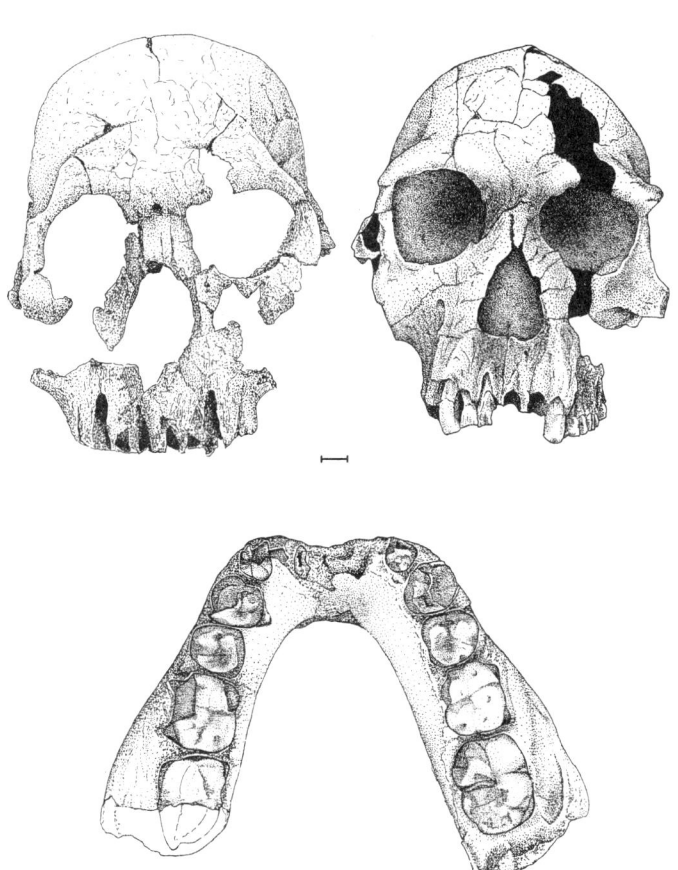

Abb. 8: Urmenschen. oben links: Schädel KNM-ER 1470
aus Koobi Fora, Kenya (Alter ca. 1,9 Mio. J.), *Homo rudolfensis*.
oben rechts: Schädel KNM-ER 1813 aus Koobi Fora, Kenya
(Alter ca. 1,9 Mio. J.), *Homo habilis*
unten: Unterkiefer UR 501 aus Uraha, Malawi (Alter 2,5-2,4 Mio. J.)

mit *Homo habilis* aufwiesen. Auch ihr Alter von 1,9–1,8 Millionen Jahren entspricht dem der Olduvai-Funde. Allerdings fiel von Anfang an auf, daß die anatomische Variabilität sehr groß ist. Wahrscheinlich wären für die Funde aus Koobi Fora mindestens zwei Arten beschrieben worden, hätte es damals den prominenten *Homo habilis* aus Olduvai Gorge noch nicht gegeben.

Erst 1986 wagte es dann der russische Paläontologe V.P. Alexeev eine zweite Art, *Homo rudolfensis,* in Koobi Fora zu benennen, hauptsächlich aufgrund des berühmten Schädelfundes KNM-ER 1470 (Abb. 8) aus dem Jahre 1972, der ein Schädelvolumen von 775 ccm aufweist (S. 64). Aufgrund dieses Fundes kam Richard Leakey zu dem Schluß, daß der Ursprung der Gattung *Homo* mindestens 2,5 Millionen Jahre zurückliegt. Zwar stellte sich die zugrundeliegende Datierung als fehlerhaft heraus und der Schädel KNM-ER 1470 ist nicht älter als 1,8 Millionen Jahre, er sollte aber dennoch recht behalten: Die mit 2,5–2,4 Millionen Jahren ältesten Reste der Gattung *Homo,* die 1991 in Malawi auftauchten (S. 68), bestätigen nicht nur seine Hypothese, sondern auch die Existenz der Urmenschen-Art *Homo rudolfensis* schon vor der Entstehung von *Homo habilis* (S. 63).

Durch die bereits erwähnte *International Omo Research Expedition* (S. 39) wurden eine Vielzahl von Einzelzähnen aus dem Gebiet des Omo-Flusses bekannt, die aufgrund fehlender Schädel- und Skelettzusammenhänge nur schwer einzuordnen sind. Nach neuen vergleichenden Untersuchungen von Fernando Ramirez Rozzi an der Feinstruktur des Zahnschmelzes dieser Zähne ist vor etwas mehr als 2 Millionen Jahren (Member G und H der Shungura-Formation) eine frühe Art der Gattung *Homo,* wahrscheinlich *Homo rudolfensis,* dort vertreten, ebenso wie in Chemeron, Kenya.

Im südlichen Afrika wurden in den siebziger Jahren aus den Australopithecinen-Fundstellen Hominiden-Fossilien zutage gefördert, die aufgrund ihrer Anatomie weder zu den Vormenschen noch zum späteren *Homo erectus* gerechnet werden können. Hierzu gehört ein Schädelfund von 1976 (StW 53) aus Sterkfontein (Abb. 1) (Alter ca. 2–1,5 Millionen Jahre) und ein als SK 847 klassifizierter Rest eines Gesichtsschädels aus Swartkrans, ein Stück mit interessanter Geschichte: Bereits zwischen 1949 und 1952 wurden mehrere, nicht besonders aussagefähige Hominidenbruchstücke gefunden und unter verschiedenen Katalognummern inventarisiert. Erst über 15 Jahre später bemerkte Ron Clarke, daß die Fragmente aneinander paßten. Die dann möglichen Vermessungen und Rekonstruktionen ließen die Einordnung des zusammengesetzten Fundes als frühen *Homo*, möglicherweise *Homo habilis*, zu.

So war die Fundlage für die frühesten Reste der Gattung *Homo* in den achtziger Jahren durch zwei große Wissenslükken gekennzeichnet: Eine geographische Fundlücke von mehreren tausend Kilometern bestand zwischen den Fundstellen des südlichen und des östlichen Afrika, und kein *Homo*-Fund war bekannt der wesentlich älter als 2 Millionen Jahre war. Fossilführende Sedimentgesteine dieses Alters sind in Afrika sehr viel seltener überliefert als ältere und jüngere Schichten.

In dieser Situation nahm das deutsch-amerikanisch-malawische *Hominid Corridor Research Project* (HCRP), gemeinsam geleitet vom Autor dieses Buches und von Tim Bromage, New York, seine Forschungsarbeiten in Malawi auf. Das Prospektionsgebiet erfüllte alle Voraussetzungen, um die Fragen nach dem Ursprung der Gattung *Homo* beantworten zu können. So sind Sedimente eines Alters von 3–2 Millionen Jahren zugänglich, die in einem vermuteten Hominiden-Korridor im afrikanischen Rift ungefähr in der Mitte zwischen Ost- und Südafrika liegen und Wirbeltierfossilien enthalten. Dieser Korridor war aus Gründen der Wasserversorgung und der Geographie als schmalste mögliche Wanderroute zwischen den weit auseinanderliegenden Hauptfundgebieten anzunehmen.

Ziel des Hominiden-Korridor-Projektes war daher die Rekonstruktion der geologischen, paläontologischen und ökologischen Entwicklung dieses Korridor-Gebietes im späten Pliozän. Durch Hominiden-Reste wurden entscheidende Erkenntnisse zu Evolution und Verteilung der frühen Hominiden (*Australopithecus* und früher *Homo*) und die Rekonstruktion von Ausbreitungswegen erhofft. Nach zahlreichen Funden fossiler Tiere, unter anderem von Antilopen, Schweinen, Giraffen, Elefanten, Pavianen, Flußpferden, Schildkröten und Krokodilen, war die Datierung der Schichten auf ca. 2,5–2,4 Millionen Jahre geklärt.

Bei Uraha wurde 1991 der Unterkiefer eines frühen Hominiden (UR 501, Abb. 8) geborgen, der anatomische Ähnlichkeiten sowohl mit *Australopithecus afarensis* als auch mit *Homo erectus* und mit den robusten Australopithecinen aufwies. Ein fehlendes Viertel des zweiten rechten Backenzahnes wurde ein Jahr später in minutiöser Arbeit aufgestöbert. Der jetzt vollständige Zahn trug aufgrund der so möglichen Analyse sämtlicher Zahnhöcker wesentlich zur Einordnung des Fundes als Rest der Art *Homo rudolfensis* (S. 70) und damit als bislang ältester Nachweis der Gattung *Homo* bei.

Homo rudolfensis: Die ersten Urmenschen

Der ersten Beschreibung von *Homo habilis* 1964 (S. 63) aus Olduvai Gorge, einer Übergangsform zwischen *Australopithecus* und *Homo erectus,* wurde große Skepsis entgegengebracht. Die Unterschiede zu den Australopithecinen seien zu gering und zu *Homo erectus* zu groß, um die Eingruppierung in die Gattung *Homo* zu rechtfertigen, hieß es. Bislang wurden aus Afrika fast 200 Hominidenfragmente gefunden, die im weitesten Sinne zu den Urmenschen der Gattung *Homo* zu rechnen sind. Dabei handelt es sich um etwa 40 Individuen. Trotz oder auch wegen aller neuen Funde ist der Ursprung der Gattung *Homo* aber in der Paläoanthropologie eine der am stärksten umstrittenen Fragen.

Eines der wichtigen Merkmale, um *Homo habilis* von Australopithecinen und *Homo erectus* (S. 93) abzugrenzen, war, daß die Anatomie der *Homo habilis*-Hand- und Fußknochen sowie des Schlüsselbeins kaum von *Homo sapiens* zu unterscheiden sei. Diese Interpretation unterstützte die Ausdeutung von *Homo habilis* als frühen, aber fähigen Menschen im Gegensatz zu den grobschlächtigen Australopithecinen. Die Skelettfunde 1986 in Olduvai Gorge (OH 62) (S. 64) zeigten jedoch, daß das Skelett von *Homo habilis* tatsächlich aber weitgehend dem von *Australopithecus* entspricht. Als wichtigster Unterschied zu den Australopithecinen bleibt danach das absolut und auf das Körpergewicht bezogen auch relativ höhere Gehirnvolumen von *Homo habilis*. Die Stirn ist steiler und ein Überaugenwulst nur schwach ausgebildet.

Durch immer mehr Funde, vor allem aus Koobi Fora, nahm die Variabilität innerhalb der *Homo habilis* zugeordneten Formen immer stärker zu. Während die anatomischen Merkmale dieser Form in Olduvai Gorge recht einheitlich ausgebildet sind, entzündete sich die Diskussion immer wieder an zwei extrem unterschiedlichen Schädeln aus Koobi Fora: KNM-ER 1470 und KNM-ER 1813 (Abb. 8). Ein Teil des paläoanthropologischen Lagers ist bereit, die deutlichen Unterschiede als Ausdruck der Variabilität innerhalb von *Homo habilis* anzusehen. Dafür werden Geschlechtsunterschiede angeführt, 1470 sei der männliche, 1318 der weibliche Schädel. Zu den Vertretern dieser Ansicht gehört beispielsweise Phillip Tobias, Johannesburg, einer der Erstbeschreiber von *Homo habilis*.

Bei Einbeziehung aller *Homo habilis*-Funde aus Koobi Fora in eine umfassende Merkmalsanalyse stellte Bernard Wood aus Liverpool Anfang der neunziger Jahre fest, daß die Unterschiede nicht nur in den typischerweise geschlechtsspezifisch variierenden Merkmalen auftreten, sondern quer durch den gesamten Bauplan vorkommen. So sind für ihn zwei Gruppen deutlich zu unterscheiden. Der Schädel 1813 (Abb. 8), ist der „Prototyp" der einen Gruppe die der ursprünglichen Beschreibung von *Homo habilis* aus Olduvai Gorge nahekommt, die neue Gruppe wird von dem Schädel KNM-ER 1470 (Abb. 8) angeführt, für die es in Olduvai Gorge keine vergleichbaren Funde gibt. Zusammen mit dem Schädel KNM-ER 1813 wurde etwa die Hälfte des *Homo*-Fundmaterials aus Koobi Fora in der Art *Homo habilis* belassen, die andere Hälfte sollte den Grundstock für die Definition einer neue Art bilden.

Nun hatte aber der russische Paläontologe V.P. Alexeev bereits 1986 aus ähnlichen Überlegungen heraus den Schädel KNM-ER 1470 mit der Bezeichnung *Pithecanthropus (Homo) rudolfensis* belegt, in Anspielung auf den früheren Namen des heutigen Lake Turkana, der ursprünglich nach dem österreichischen Thronfolger benannt war. Da dieser Schädel auch im Modell Bernard Woods als Hauptfigur einer neuen Art vorgesehen war, hatte der bereits vergebene Namen *Homo rudolfensis* Priorität für die Bezeichnung der neuen Art. Nicht nur die Hälfte des Koobi Fora-Materials gehört zu *Homo rudolfensis*, sondern auch der Unterkiefer aus Malawi war damit namenstechnisch eingruppiert, obwohl er von den Ufern des Malawisees stammt: Die Untersuchung des Unterkiefers von Malawi zeigte, daß er eindeutig zu der von Bernard Wood abgegrenzten neuen *Homo*-Art gehört.

So werden also jetzt zwei frühe *Homo*-Arten unterschieden, deren Fundlage sich wie folgt darstellt:

Homo rudolfensis (2,5–1,8 Millionen Jahre)
Uraha (Malawi) (Abb. 8), Chemeron, Koobi Fora (Kenya)
(Abb. 8), Omo (Äthiopien)

Homo habilis (2,1–1,5 Millionen Jahre)
Koobi Fora (Kenya) (Abb. 8), Olduvai Gorge (Tanzania),
Sterkfontein (Südafrika)

Die wichtigsten Unterscheidungsmerkmale dieser Arten sind:

	Homo rudolfensis	*Homo habilis*
Gehirnvolumen	ca. 750 ccm	ca. 610 ccm
Überaugenwulst	fehlt	leicht entwickelt
obere Vorbackenzähne	3 Wurzeln	2 Wurzeln
untere Vorbackenzähne	2 Wurzeln	1 Wurzel
untere Backenzähne	breite Kronen	schmale Kronen
Weisheitszahn	verkleinert	nicht verkleinert
Extremitäten	?	Pongiden-ähnlich
Oberschenkel	*Homo*-ähnlich	wie *Australopithecus*
Fuß	*Homo*-ähnlich	wie *Australopithecus*

Verwirrend an diesem Ergebnis ist die Vermischung menschen- und australopithecinenähnlicher Merkmale bei beiden

Arten. Während *Homo rudolfensis* ein eher ursprüngliches Gebiß aufweist, dafür aber im Fortbewegungsapparat schon *Homo*-ähnlich erscheint, zeigt *Homo habilis* mit reduzierten Zahnwurzeln ein fortschrittlicheres Gebiß, ist aber im Skelettbau eher den Menschenaffen ähnlich als dem Menschen.

Bis heute ist es nicht möglich, dieses Puzzlespiel zu lösen. Es fehlen noch sowohl die Bindeglieder dieser Arten zu den Australopithecinen als auch zum späteren *Homo erectus*. Die Frage nach dem Ursprung der Gattung *Homo* ist also mit den vorhandenen Fossilien allein auf anatomischer Grundlage nicht zu beantworten.

Daher wird im Folgenden ein klima- und tiergeographisches Szenario vorgestellt, das nicht allein von der Anatomie der Fossilienfunde ausgeht, sondern den geographischen Lebensraum der Hominiden und dessen ökologische Entwicklung einbezieht. Hierbei wird davon ausgegangen, daß neue Hominidenarten stets im äquatorialen tropischen Bereich ihren Ursprung nahmen. Voraussetzung für die Entstehung einer neuen Art ist die räumliche Abtrennung einer Teilpopulation der ursprünglichen Art. Die geographische Isolation führt dazu, daß sich bei der Teilpopulation die für den neuen Lebensraum günstigen Merkmale genetisch durchsetzen können. Die mosaikartige, kleinräumige Habitat-Gliederung des Lebensraums in den Tropen bietet zumindest statistisch bessere Voraussetzungen für geographische Isolation von Populationen und führt daher mit höherer Wahrscheinlichkeit zur Bildung neuer Arten als die im Gegensatz hierzu eher weiträumigen Habitate des gemäßigten Bereichs.

Aus dem *Australopithecus afarensis* des östlichen Afrika ging vor ca. 2,5 Millionen die robuste Linie mit *Australopithecus aethiopicus* hervor (S. 58, Abb. 17). Diese Entstehung der robusten Vormenschen ging einher mit zunehmend trockenerem Klima und einer tiefgreifenden Änderung der Nahrungsgrundlagen, bedingt durch eine globale Abkühlungsphase, deren Höhepunkt vor ca. 2,5 Millionen Jahre erreicht war. Da wegen der Klimaverschlechterung zunehmend harte Pflanzennahrung zur Verfügung stand, war der von den robusten Australopithecinen durch mächtige Zähne und große Kaumuskeln zum kräftigen Mahlwerk perfektionierte Kauapparat gut geeignet, das Überleben, zumindest eine Zeitlang, zu sichern.

Eines der spannendsten Kapitel der Evolution des Menschen folgt nun aber aus der Tatsache, daß die frühesten Vertreter der Gattung *Homo (Homo rudolfensis)* zur selben Zeit wie die robusten Australopithecinen, nämlich vor ca. 2,5 Millionen Jahren, im östlichen Afrika entstanden. Die Anfänge der *Homo*-Linie, repräsentiert durch *Homo rudolfensis*, war also ebenfalls geprägt durch ihre Abstammung von *Australopithecus afarensis*. Aus diesem Grunde teilte *Homo rudolfensis* mit den robusten Australopithecinen einige auf den Kauapparat bezogene Schädel- und Zahnmerkmale, die den frühen Hominiden die Aufnahme der härteren Frucht- und Pflanzennahrung der Savanne ermöglichte. *Homo rudolfensis* blieb in der Ernährungsweise recht konservativ und war ganz überwiegend Pflanzenfresser.

Aus der Gleichzeitigkeit der Ereignisse kann nur der Schluß gezogen werden, daß es zur Entwicklung eines hyperrobusten Kauapparates offensichtlich eine Alternative gab, die ebenfalls dazu geeignet war, die bei steigender Trockenheit zunehmend härtere Nahrung zu zerkleinern. Diese Alternative war der Beginn der Werkzeugkultur. Während also die robusten Australopithecinen durch einen mächtigen Kauapparat grundsätzlich auf zähe und abriebstarke Nahrung spezialisiert waren, zeigte *Homo rudolfensis* eine größere Flexibilität vor allem im Verhalten. Seine Anpassung an die klimatischen Veränderungen ging einher mit der Entwicklung eines größeren und leistungsfähigeren Gehirns. Hierbei vollzog sich ein Wechsel zur Aufnahme einer weniger abriebstarken Nahrung mit zunehmender Tendenz zu einer omnivoren (allesfressenden) Ernährungsweise. Die beginnende Werkzeugkultur überdeckte die Auswirkungen des Klimawechsels bis zu dem Punkt, als *Homo rudolfensis* andere Nahrungsquellen besser als jede andere Hominidenart jemals zuvor nutzen konnte. So gewannen die Urmenschen durch den systematischen Einsatz von Steinen zur Zerkleinerung der harten Pflanzennahrung einen unermeßlichen Vorteil gegenüber allen anderen Hominiden: eine langsam zunehmende Unabhängigkeit von direkten Umwelteinflüssen.

Werkzeuge im Sinne von Hilfsmitteln sind zwar im Tierreich und vor allem bei den höheren Primaten weit verbreitet. Aber unter dem Druck des Umweltproblems vor 2,5 Millionen Jahren war es offensichtlich gerade die Fähigkeit der Hominiden zu kulturellem Verhalten, die die Gattung *Homo* entstehen ließ. Aber mehr noch war es die „evolutive Strategie", alles auf diese eine Karte zu setzen. Auch die späten robusten Australopithecinen benutzten Knochenwerkzeuge (S. 60), jedoch war es deren hauptsächliche Evolutionsstrategie, den Umweltbedingungen durch zunehmende körperliche Überspezialisierung zu begegnen. Im Gegensatz dazu ist der große Vorteil der Gattung *Homo* die Beibehaltung eines eher unspezialisierten und daher viele Entwicklungsmöglichkeiten bietenden Körperbaus in Kombination mit einer kulturellen Überspezialisierung.

Obwohl „typisch menschliches" Verhalten, wie Bewußtsein, Kunst oder Musik nicht einmal in Anfängen nachweisbar ist, wird hiermit der Beginn der Gattung *Homo* verknüpft: Die zunehmende Unabhängigkeit vom Lebensraum führt von diesem Zeitpunkt an unweigerlich zu zunehmender Abhängigkeit von den dazu benutzten Werkzeugen, ein Dilemma, das den Menschen bis zum heutigen Tag charakterisiert.

Die anfängliche Benutzung von Steinwerkzeugen zum Hämmern harter Nahrung brachte bald Vorteile in unvorstellbarem Ausmaß: Zufällig entstehende scharfkantige Abschläge wurden als Schneidewerkzeuge eingesetzt. Dies revolutionierte die Fleischbearbeitung und die Zerlegung der Beutekadaver. Für spezialisierte Pflanzenfresser wie die robusten Australopithecinen hätte jedoch der Einsatz von Steinwerkzeugen keinen unmittelbaren Vorteil gebracht. Solange beide Ernährungsstrategien erfolgreich waren, also mehr als 1 Mio. Jahre lang, existierten verschiedene Hominiden-Gattungen und -Arten nebeneinander.

Homo habilis: Das Schicksal des Australopithecus africanus

Der Rückgang der Waldgebiete und die gleichzeitige Ausdehnung der offenen Lebensräume trockenen Graslandes vor 2,5 Millionen Jahren riefen mit der Spaltung von *Australopithecus afarensis* in die robusten Australopithecinen und in *Homo rudolfensis* (Abb. 17) evolutive Veränderungen als Anpassung an das Leben in den Savannen des tropischen Ostafrika hervor (S. 72).

Gleichzeitig hatten die Veränderungen des Klimas aber auch starke Auswirkungen auf die Beschaffenheit und die geographische Verteilung besiedelbarer Vegetationsgebiete (Habitate) und großflächiger Lebensräume (Biome). Bis zu dieser Zeit war zum Beispiel die „Zambezi-Ökozone" ein keilförmiges Gebiet zwischen der tropischen und der gemäßigten Zone mit einem hohen Anteil an Tierarten, die sowohl im südlichen als auch im östlichen Afrika heimisch waren. Vor ca. 2,5 Millionen Jahren breiteten sich die Grasland-Biome äquatorwärts aus, die Waldbiome schrumpften. In der gemäßigten Zone stellten sich ausgeprägte Jahreszeitenextreme ein. Viele Organismen behielten ihre Vorliebe für schwache jahreszeitliche Änderungen und Vegetation des subtropischen Klimas dadurch bei, daß sie zusammen mit dem schrumpfenden Biom äquatorwärts wanderten. Hierunter ist keine aktive Wanderung (*Migration*) zu verstehen, sondern eine passive Verlagerung des Lebensraumes.

Unter diesen „passiven Migranten" war auch *Australopithecus africanus* (Abb. 12), der in dem temperierten Klima des südlichen Afrikas lebte. Die für die Art geeigneten Habitate hatten sich nach einer halben Million Jahre kontinuierlicher Zunahme der Trockenheit und Abkühlung dem afrikanischen Rift-Valley zu nach Norden verlagert. Im Verlauf seiner Existenz im südlichen Afrika wurde also für *Australopithecus africanus* die Veränderung des Klimas ebenso spürbar wie für *Australopithecus afarensis* im östlichen Afrika.

Andere Populationen konnten jedoch durch passive Wanderung, eine Strategie, die den nördlichen *Australopithecus afarensis*-Verwandten nicht zur Verfügung stand, ihr spezifisches Habitat, die bewaldeten Gebiete, als Lebensraum beibehalten und breiteten sich entlang des Uferzonen-Korridors im Malawi-Rift nach Norden aus.

Im Verlauf dieser Ausbreitung in Richtung auf den ostafrikanischen tropischen Bereich (Abb. 12) stand in dem neuen Biom eine höhere Vielfalt an nicht-vegetarischer Nahrung zur Verfügung. Die Selektion führte zu einer stärkeren Flexibilität des Verhaltens in dem neuen Lebensraum. Hierbei entstand als Nachfahre des *Australopithecus africanus* die Art, die durch die knapp über 2 Millionen Jahre alten Funde des „*Homo habilis*" im östlichen Afrika (zum Beispiel in Olduvai Gorge) dokumentiert ist. Die neue Art etablierte sich rasch als eindeutiger Omnivore, der sich durch die Entwicklung einer Werkzeugkultur nicht nur gezielt Vorteile bei der Nahrungsbeschaffung sichern, sondern auch vor Umweltveränderungen schützen und dadurch Lebensraumgrenzen leichter überwinden konnte.

Homo habilis ist also auf den *Australopithecus africanus* des südlichen Afrika zurückzuführen. Nur scheinbar widerspricht dies der Hypothese, daß alle Hominiden-Arten im tropischen Bereich des östlichen Afrika entstanden sind. Denn der Entstehung von *Homo habilis* ging die Wanderung einer Teilpopulation von *Australopithecus africanus* in den tropisch-äquatorialen Lebensraum voraus. Allerdings stellen sich mit dieser Hypothese zwei Probleme: Erstens war die Gattung *Homo* im östlichen Afrika bereits eine halbe Million Jahre früher entstanden, und zweitens existiert *Homo habilis* vor ca. 1,7 Millionen Jahren wieder in Südafrika.

Es wäre durchaus denkbar, daß eine erste Phase des Menschseins im Sinne des Beginns einer zunehmenden Unabhängigkeit von direkten Umwelteinflüssen durch Werkzeugbenutzung mehrmals unabhängig voneinander erreicht wurde. Dies ist vor allem dann anzunehmen, wenn für die Geröllgeräte-Kultur in Olduvai Gorge kein anderer Produzent als *Homo habilis*, zum Beispiel ein noch nicht entdeckter *Homo rudolfensis,* in Frage kommt. Das notwendige Entwicklungspotential kann sowohl bei *Australopithecus afarensis* des östlichen als auch bei dem von ihm abstammenden *Australopithecus africanus* des südlichen Afrika vorausgesetzt werden. Entsteht daher nach der hier vorgestellten Hypothese die Gattung *Homo* mit *Homo rudolfensis* im östlichen Afrika, muß die Art *Homo habilis* als *Australopithecus habilis* der Gattung *Australopithecus* zugeordnet werden (Abb. 17), denn ein doppelter Ursprung der Gattung *Homo* ist unwahrscheinlich.

Vor ungefähr 2 Millionen Jahren begann in Afrika eine Umkehrentwicklung von relativ kühlem und trockenem Klima zu etwas wärmerem und feuchterem. Es folgte eine Phase der Ausweitung der entsprechenden Lebensräume. Hierdurch wurden Wanderungsbewegungen vom Äquator in das südliche Afrika möglich. Fast eine Million Jahre relativer Abgeschlossenheit im tropisch-äquatorialen Bereich, die dort durch Artneubildungen gekennzeichnet war, endete. *Australopithecus boisei* breitete sich im südlichen Afrika aus und entwickelte sich zu *Australopithecus robustus* (S. 59). *Australopithecus (Homo) habilis* expandierte gleichfalls in die gemäßigte Zone des südlichen Afrika (Abb. 12), behielt jedoch einen ökologisch wesentlich umfassenderen Lebensraum bei und vergrößerte sein Verbreitungsgebiet. Hierbei entstand keine neue Art, sondern lediglich eine geographische Variante der ostafrikanischen Form.

Homo rudolfensis blieb im östlichen tropischen Afrika heimisch, teilweise wegen seiner Vorliebe für offene Habitate im Bereich des Regenschattens des afrikanischen Rift-Valleys, teilweise vielleicht auch wegen einer sich entwickelnden Lebensraumkonkurrenz zu *Australopithecus (Homo) habilis*. Aus *Homo rudolfensis* entwickelte sich vor ca. 1,8 Millionen Jahren *Homo ergaster* („Handwerker"), die frühe afrikanische Variante des *Homo erectus*.

Das vorgestellte Szenario der frühen Evolution der Gattung *Homo* entbehrt nicht einer gewissen ökozentrierten Sichtweise. Organismen, auch Hominiden, existieren aber als biologische Konstruktionen, die in spezifischen Habitaten lebensfähig sind. Daher sind Habitat und Habitatänderung zur Charakterisierung einer Art, auch einer Hominiden-Art, und ihrer Evolution ebenso wichtig wie anatomische Merkmale.

Die biogeographische Perspektive erlaubt das Erkennen grundlegender Mechanismen der Evolution, unabhängig davon, mit welchen Gattungs- und Artbezeichnungen die jeweiligen Hominiden belegt werden. Die Probleme um den Ursprung der Gattung *Homo* wären formal gelöst, würde auch *Homo rudolfensis* der Gattung *Australopithecus* zugeordnet. Dann wäre die Gattung *Homo* beginnend mit *Homo ergaster* oder *Homo erectus* (S. 80) von Anfang an durch ein besonders großes Gehirnvolumen charakterisiert. Die lebensraumabhängigen Entwicklungen und Wanderungsbewegungen der Arten *rudolfensis* und *habilis* hätten sich dann aber nicht anders, sondern eben lediglich innerhalb der Gattung *Australopithecus* abgespielt.

Lebensweise der Urmenschen

Obwohl nur Knochen- und Zahnfragmente der Urmenschen erhalten geblieben sind, bieten sich Möglichkeiten, ihre Lebensweise zu interpretieren und zu rekonstruieren. Mit der Gattung *Homo* tauchen zum ersten Mal in der Geschichte der Menschwerdung auch kulturelle Hinterlassenschaften auf.

Die ältesten Steinwerkzeuge sind aus Äthiopien und Tanzania bekannt. Wenig östlich der Hominidenfundstellen von Hadar in Äthiopien (S. 40), bei Gona, wurden 1977 sehr ursprüngliche Geröllwerkzeuge *(Pebble tools)* vom Oldowan-Typ (S. 98) entdeckt, die ca. 2,6 Millionen Jahre alt sind. Auch neue Entdeckungen am Westufer des Turkana-Sees (Abb. 1) bestätigen, daß vor ca. 2,5 Millionen Jahren die ersten Werkzeugkulturen etabliert waren – zeitgleich mit der Entstehung der Gattung *Homo* (*Homo rudolfensis*). Die überlieferten Geröllgeräte (*Pebble tools*) sind von natürlich entstandenen Geröllen kaum zu unterscheiden. Am Anfang dürfte es sich um gezielt verwendete Steine gehandelt haben, die zum Öffnen hartschaliger pflanzlicher Nahrung verwendet wurden. In der robusten Linie wird also das vorhandene anatomische Entwicklungspotential auf dem Wege der *biologischen Evolution* bis ins Extreme ausgeschöpft, in der Gattung *Homo* wird aber mit dem Beginn der Werkzeugkultur ein Potential ganz neuer Qualität eröffnet: die – wie wir als *Homo sapiens sapiens* heute wissen – fast unermeßlichen Weiten der *kulturellen Evolution*.

Eine wesentliche Voraussetzung für die kulturelle Evolution muß in der Verfeinerung der Kommunikationsmöglichkeiten bei der Gattung *Homo* gelegen haben. Zwar muß auch bei *Australopithecus* eine funktionierende Verständigung möglich gewesen sein, wie dies für die hohen Primaten generell gilt. Die differenzierten Nuancen kultureller Erscheinungen setzen aber ein ebenso differenziertes Kommunikationsmedium voraus: die Sprache. Nur mit Hilfe der Sprache ist es möglich, kulturelle Erfahrungen zu tradieren und weiterzugeben, von Individuum zu Individuum und von Generation zu Generation.

Ein vorsichtiger Hinweis darauf, daß die Anfänge der Sprache bereits bei den ersten Urmenschen zu suchen sind, geben nach Ansicht von Phillip Tobias einige der Innenausgüsse (Endokranialausgüsse) (S. 33) von Schädelknochen des *Homo habilis*: Die beiden für die Sprache des Menschen wichtigen Gehirnzentren auf der Oberfläche der linken Gehirnhälfte, das Wernicke-Zentrum und das Broca-Zentrum, waren andeutungsweise bereits vorhanden.

Bei der Gattung *Homo* ist ein ausgeprägter Unterschied zwischen männlichen und weiblichen Individuen (Sexualdimorphismus) nicht mehr in der Stärke wie bei den Australopithecinen nachweisbar. Die Zeit der Empfängnisbereitschaft begann sich zu verlängern, so daß schließlich eine ständige sexuelle Paarungsbereitschaft des Weibchens bestand, die vom Menstruationszyklus unabhängig war. Hieraus entstand ein Anreiz für die männlichen Gruppenmitglieder, Paarbindungen einzugehen, die weitreichende Bedeutung für die Versorgung des an Zahl rasch wachsenden Nachwuchses hatten. Hieraus ergeben sich Vorteile für das Verhalten der Hominiden und die erste Entwicklung gesellschaftlicher Verhältnisse, zum Beispiel bei der Nahrungsteilung.

Die ersten Urmenschen lebten in kleineren Verbänden. Neben dem Sammeln pflanzlicher Nahrung kam der Fleischbeschaffung eine immer stärkere Bedeutung zu. Die Anfänge der Jagd können allerdings aus dieser Zeit noch nicht durch Funde, beispielsweise von Wurfwaffen, bestätigt werden. Anstatt Großwildjagden zu veranstalten, verließen sich die frühen Urmenschen auf ihre Fähigkeiten, Kadaver aus Raubtierrissen oder von verendetem Wild aufzutreiben: Die ersten Urmenschen waren keine Jäger, sondern Aasfresser. Sowohl aus Olduvai Gorge als auch aus Koobi Fora sind Zerlegungsplätze von Großwild bekannt. Dort wurden manche Steingeräte zwischen den teilweise noch im anatomischen Verband erhaltenen Tierknochen gefunden, manche Knochen wiesen auch Schnittmarken auf. So könnte bereits vor fast 2 Millionen Jahren eine gesellschaftliche Arbeitsteilung bestanden haben: Das Fleisch wurde von den männlichen Mitgliedern der Gruppe herangeschafft und gemeinsam an einer Stelle, die als vorübergehender Lebensort (*Home base*) der Gruppe diente, geteilt.

Es ist höchst wahrscheinlich, daß bereits vor über 2 Millionen Jahren die erste Auswanderung aus Afrika stattfand (Abb. 12). Davon zeugen zum Beispiel 2,3 Millionen Jahre alte *Pebble tools,* die in Israel gefunden wurden. Die aus Java stammenden, ca. 1,8 Millionen Jahre alten Funde des *Meganthropus* (Abb. 17), zum Teil als asiatische Australopithecinen-Form angesehen (S. 82), sind, nach anatomischen Merkmalen zu schließen, möglicherweise eng mit *Homo rudolfensis* verwandt. Vielleicht begann daher schon mit *Homo rudolfensis* die fast endlose Geschichte der immer wieder neuen Auswanderungen aus Afrika und nicht erst mit seinem erfolgreichen Nachkommen *Homo erectus.*

Der Siegeszug des Frühmenschen *Homo erectus*

Lange bevor in Afrika die ersten Vormenschen-Funde auftauchten, wurde Asien als Zentrum der Menschwerdung angesehen. Da das wissenschaftliche Weltbild aber zunächst von Europa aus bestimmt wurde, hatten die Entdecker der asiatischen Hominiden-Reste mindestens ebenso stark mit Vorurteilen, auch aus den eigenen Reihen, zu kämpfen wie die Kollegen in Afrika Jahrzehnte später.

Um Europa und vor allem England als Ursprungsort des Menschen zu retten, wurde sogar eine inzwischen berühmt gewordene Fälschung inszeniert: 1912 wurde in einer Kiesgrube bei Piltdown in England ein „Fossil" geborgen, das aus einem Hirn-Schädel eines modernen Menschen und dem Unterkiefer eines Orang Utans zusammengesetzt war. Möglicherweise sollte es ein Scherz sein, da jeder Fachstudent die Fälschung sofort hätte erkennen können. Jedoch wurde das Stück von den größten Anatomen Englands als wissenschaftliche Sensation gehandelt und jahrelang als echt verteidigt. Der Fund entsprach genau dem herrschenden wissenschaftlichen und politischen Weltbild.

Die Piltdown-Fälschung war der Versuch, die damals aus Asien bereits bekannten ersten Frühmenschen-Reste (*Homo erectus*) an Ursprünglichkeit zu überbieten und mithin ihre Stellung innerhalb der Entwicklungsgeschichte des Menschen herabzustufen. Die weitere Suche in Asien wurde dadurch jedoch auch entscheidend angespornt. Diese Unternehmungen waren nicht nur erfolgreich – es sollte noch besser kommen: Noch ursprünglichere Hominiden-Reste tauchten mit den Australopithecinen kurz darauf in Afrika auf (S. 33).

Fundorte und Fundgeschichte in Asien

Java
Eine geradezu unglaubliche Geschichte ist die Entdeckung der ersten Hominiden außerhalb Europas am Ende des letzten

Jahrhunderts. Während Charles Darwin die Wiege der Menschheit in Afrika vermutete, war der deutsche Zoologe Ernst Haeckel davon überzeugt, daß es als Bindeglied zwischen den Menschenaffen und den Menschen sogenannte Affenmenschen gegeben haben muß, die in einem heute untergegangenen Kontinent, „Lemurien", gelebt haben sollen. Als wichtigste Errungenschaft des Menschen sah er die Sprache an, daher nannte er die hypothetische Zwischenform in seiner „natürlichen Schöpfungsgeschichte" (1868) *Pithecanthropus alalus* (das heißt: stummer Affenmensch). Reste des verschwundenen Kontinents sollten Madagaskar und Indien darstellen. Da Haeckel den Gibbon als menschenähnlichsten Affen ansah, mutmaßte er, daß Reste des Affenmenschen auf den Inseln Indonesiens, dem heutigen Verbreitungsgebiet der Gibbons, zu finden sein müßten.

Der junge holländische Arzt Eugène Dubois war von der Hypothese Haeckels nachhaltig beeindruckt. Mit dem Ziel, Reste dieses Affenmenschen zu entdecken, ließ er sich als Militärarzt 1877 nach Sumatra versetzen. Besessen von seiner Idee, begann er an einer Stelle in Java zu graben, die nach heutigen Vorstellungen als völlig aussichtslos gelten würde. Er grub in einem Gebiet, wo im Umkreis von Tausenden von Kilometern noch nie zuvor auch nur die kleinste Andeutung von Resten eines Urmenschen gefunden wurde – und er grub auf den Zentimeter genau an der richtigen Stelle: Am Ufer des Solo-Flusses bei Trinil fand er 1891 einen Teil eines Schädeldaches und einen Zahn.

Zuerst beschrieb er die Fundstücke als den afrikanischen Menschenaffen zugehörig (*Anthropithecus*). Ein Jahr später, nach dem Fund eines vollständigen linken Oberschenkelknochens, der eine pathologische Knochengeschwulst aufwies, war Dubois davon überzeugt, daß dieses Wesen bereits aufrecht gegangen war, und nannte es *Anthropithecus erectus*. Schließlich gab er 1894 bekannt, damit die Reste des von Haeckel als *Pithecanthropus* bezeichneten Affenmenschen gefunden zu haben und bezeichnete ihn als *Pithecanthropus erectus*. Obwohl wir heute wissen, daß der aufrechte Gang schon 3 Millionen Jahre früher bei der Gattung *Australopithecus* (S. 39) verwirklicht war, ist dieser Artname bis heute gültig, wenn er auch zur Gattung *Homo* gerechnet wird.

Dubois verließ Java 1895 und kämpfte heftig um die Anerkennung seiner Funde. Er war jedoch wegen der nicht enden wollenden Kritik an den damit verbundenen Hypothesen so enttäuscht und verbittert, daß er die Fossilien jahrelang im Fußboden eingelassen versteckt hielt. Zwar bestätigten in den zwanziger und dreißiger Jahren neue Funde aus China und Java seine Vorstellungen, doch hatte er da selbst bereits alle Hoffnungen aufgegeben: Bis zu seinem Tod im Jahre 1940 verteidigte er die Ansicht, *Pithecanthropus* sei ein in einen Menschen verwandelter Gibbon!

Weitere Hominiden-Funde am Ufer des Solo-Flusses wurden in Trinil und anschließend in Ngandong (1932) gemacht. Diese *Pithecanthropus*-Funde mit einem Alter von ca. 1 Million Jahren werden heute zu *Homo erectus* gruppiert. Im Jahre 1936 fand Gustav Heinrich Ralph von Koenigswald, der die Arbeiten Dubois' fortsetzte, weitere Fossilien bei Sangiran, sowie einen teilweise erhaltenen Kinderschädel bei Modjokerto. Die Arbeiten in Sangiran, vor allem in den vierziger Jahren, erbrachten die größte Menge des Hominiden-Materials aus Java, darunter einige Schädelfragmente von *Pithecanthropus* (*Homo*) *erectus* und mehrere robuste Ober- und Unterkieferfragmente, die als *Meganthropus javanicus* beschrieben wurden. Nach ersten Altersschätzungen von Koenigswalds sollten die Funde aus den ältesten Schichten Sangirans und Modjokertos (Djetis-Schichten) ca. 1,9–1,6 Millionen Jahre alt sein. Jens Franzen vom Forschungsinstitut Senckenberg, Frankfurt, interpretierte die ältesten Funde als direkte *Australopithecus*-Nachfahren. Jahrelang wurde das Alter allerdings bezweifelt und mit ca. 1 Million Jahren angegeben. Jedoch bestätigten eine neue Datierung mit Hilfe modernster Technik 1994 und die Funde des frühen *Homo rudolfensis* aus Malawi (S. 68) sowohl von Koenigswald als auch Franzen: Das Alter der Funde beträgt ca. 1,8 bis 1,7 Millionen Jahre, und die erste Auswanderung aus Afrika der ersten *Australopithecus*-Nachfahren fand vor weit mehr als 2 Millionen Jahren statt. Wahrscheinlich sind die frühen *Meganthropus*-Formen unabhängig vom späteren *Homo erectus* auf den afrikanischen *Homo rudolfensis* oder dessen unmittelbaren Nachfahren *Homo ergaster* zurückzuführen (Abb. 17).

Bis heute wurden auf Java die Reste von mehr als 40 Individuen des *Homo erectus* gefunden, meistens Schädel- und Kieferreste. Der vollständigste Schädel wurde 1969 unter der Leitung von S. Sartono in den jüngeren Schichten von Sangiran (Trinil-Schichten) geborgen.

China

Der Durchbruch in der Anerkennung des asiatischen Frühmenschen kam vor allem mit umfangreichen Funden aus China. Einer alten Tradition entsprechend, werden in chinesischen Drogerien fossile Knochen in Pulverform als Medizin gegen Verdauungsstörungen gehandelt. Um die Jahrhundertwende kaufte dort der Naturforscher Karl Haberer eine Reihe fossiler Zähne unter denen sich auch ein ungewöhnlicher Backenzahn befand, der sehr schlecht erhalten war. Der Paläontologe Max Schlosser vermutete 1903 aufgrund dieses Stückes, daß es späteren Forschern vielleicht vergönnt sein werde, in China die Reste fossiler Menschen zu finden.

Die ersten Fundstücke aus China landeten in Uppsala. Ein schwedischer Geologe hatte sie in einem Höhlensystem bei Zhoukoudian, damals ca. 45 km südwestlich, heute am Stadtrand von Beijing (Peking) gelegen, entdeckt. Da sich unter dem Material auch menschliche Zähne befanden, begann der kanadische Anatom Davidson Black zusammen mit W. Ch. Pei weitere Geländearbeiten und fand in Zhoukoudian zwischen 1928 und 1937 Teile von 14 Schädeln, darunter auch vollständige, sowie 14 Unterkiefer, mehr als 150 Zähne und Skelettreste, die er als Relikte des *Sinanthropus pekinensis* (Chinamensch) bezeichnete (Abb. 9). Die Funde repräsentieren mehr als 45 Individuen jeden Alters und Geschlechts. Da fast alle Schädel künstlich geöffnet worden waren, wurde früher auf kannibalistisches Verhalten geschlossen, während man

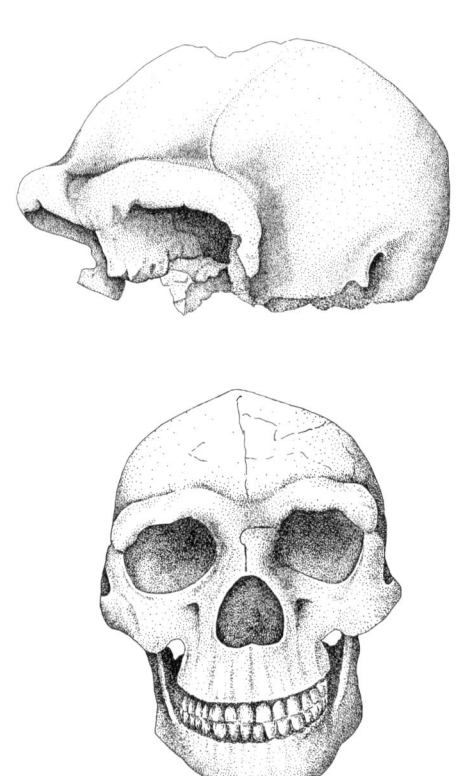

Abb. 9: *Homo erectus*. oben: Schädelfragment OH 9 aus Olduvai Gorge, Tanzania (Alter ca. 1,2 Mio. J.); unten: Schädel-Rekonstruktion des chinesischen *Pithecanthropus*-Typs (Alter ca. 0,5 Mio. J.)

heute eher Totenriten als Ursache der Beschädigungen ansieht.

Der Anatom und Anthropologe Franz Weidenreich, der die Arbeiten nach Blacks Tod weiterführte, nahm eine detaillierte wissenschaftliche Bearbeitung vor, wobei er auch von sämtlichen Fossilien Abgüsse herstellte. Seine Zeichnungen und diese ersten Abgüsse sind das einzige, was heute von den Hominiden-Resten übrig ist, denn niemand weiß, wo sich die Originale befinden. Zwar wurde versucht, sie in den Kriegswirren gut verpackt aus China herauszuschaffen, doch kamen die Kisten ohne ihren wertvollen Inhalt in Amerika an: eines der mysteriösesten Kapitel in der Geschichte der Paläoanthropologie. Es bleibt die Hoffnung, daß die Fundstücke „nur" entwendet wurden und durch einen Zufall irgendwann ein zweites Mal ans Tageslicht gelangen.

Seit 1949 wurden sowohl in Zhoukoudian als auch an weiter südlich gelegenen Orten in Mittel- und Südchina Reste der heute zu *Homo erectus* gezählten chinesischen Hominiden entdeckt, zum Beispiel in den sechziger Jahren in Lantian, Provinz Shaanxi. In der Langtandong-Höhle, Provinz Hexian, wurde 1980 ein vollständiger Schädel gefunden. Seit einigen Jahren werden von den Anthropologen und Paläontologen der *Academia Sinica,* Beijing, Großgrabungen in Zhoukoudian durchgeführt.

Es bestehen zwei wesentliche Unterschiede zwischen den chinesischen Fundstellen und jenen auf Java. Die meisten Fundstellen in China sind mit einem Alter von ca. 600 000 bis 300 000 Jahren sehr viel jünger. Nur in der Höhle von Longgupo bei Wushan und aus Yuanmou (Provinz Yunnan) sind die Reste vielleicht älter als 1,5 Millionen Jahre. Allerdings sollen zwei kürzlich gefundene Hominiden-Zähne ca. 1,9 Millionen Jahre alt sein.

Die chinesischen Fundstellen bieten weitaus größere Möglichkeiten zur Rekonstruktion der Lebensweise von *Homo erectus*. Während die Reste in Java erst durch Flüsse an ihren späteren Einbettungsort gespült wurden *(allochthone Einbettung),* sind die Fossilien in China am ursprünglichen Lebens- und/oder Todesort entstanden. Nur diese sogenannte *autochthone Einbettung* bietet die Chance, auch kulturelle Hinterlassenschaften in demselben Fundzusammenhang aufzuspüren. Die meisten chinesischen Fundstellen sind gleichzeitig ehemalige Rastplätze, an denen auch *Pebble tools* oder einfache Acheuléen-Werkzeuge (S. 98), z. B. Protofaustkeile, gefunden wurden.

Weitere Funde in Asien, Eurasien und im Nahen Osten

Homo erectus-Fundstellen wurden 1982 auch aus Indien (Narmada: Schädelfragment und Werkzeuge) und 1986 aus Vietnam (Tham Khyen und Tham Hai: Zähne) bekannt. Im Nahen Osten wurden im Jordangraben an dem archäologischen Rastplatz Ubeidiya mehrere Schädelfragmente und Zähne des *Homo erectus* mit einem Alter von 1,4 Millionen Jahren geborgen. Dies waren lange Zeit die frühesten Hinweise auf eine erste Auswanderung aus Afrika. Neue Grabungen in Ubeidiya werden jedoch seit 1995 durchgeführt, die noch ältere Hominiden-Reste erwarten lassen. Immerhin sind die ältesten bekannten Werkzeug-Funde aus Yiron in Nord-Israel sogar 2,4 Millionen Jahre alt. Einen sehr alten vollständigen Unterkiefer, förderte Antje Justus 1991 anläßlich archäologischer Grabungen in Dmanisi, Georgien, zutage. Seine Einstufung als *Homo erectus* ist ebenso wie das angegebene Alter von 1,7 bis 1,6 Millionen Jahren nicht unumstritten. Doch lassen neue Datierungen in China und Java (S. 82), ebenso wie neue, sogar 1,8–1,6 Millionen Jahre alte Hominiden-Funde aus Orce, Spanien (S. 88), den Fund nicht mehr als so deplaziert erscheinen, wie er bei seiner Entdeckung wirkte.

Fundorte und Fundgeschichte in Europa

Der erste und immer noch einer der berühmtesten Hominiden-Funde in Europa war mit einem Alter von ca. 650 000 Jahren bis vor kurzem auch der älteste des Kontinents. In den ehemaligen Neckarschottern von Mauer an der Elsenz, östlich von Heidelberg, fand am 21. Oktober 1907 der Sandgräber Daniel Hartmann einen Unterkiefer (Abb. 10), den der Heidelberger Privatdozent Otto Schoetensack 1908 mit dem wissenschaftlichen Namen *Homo heidelbergensis* bezeichnete. Die ältesten damals bekannten Hominiden-Reste stammten aus Java (S. 81), daher erregte der Fund immenses Aufsehen. Heute wird der Unterkiefer, der in den Kriegswirren mehrere Zahnkronen verlor, meist zu *Homo erectus* gerechnet, wenn auch die Bezeichnung *Homo heidelbergensis* als Abgrenzung einer

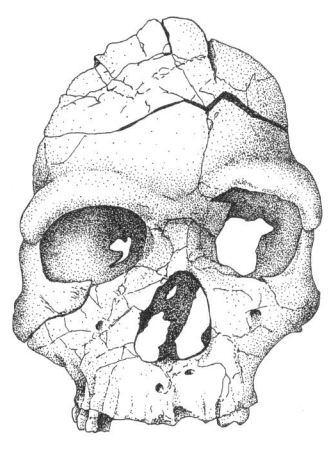

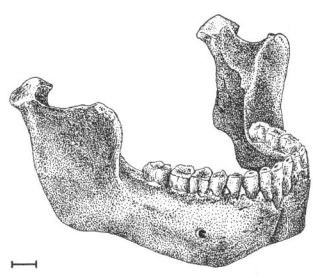

Abb. 10: europäischer *Homo erectus (Homo heidelbergensis).*
oben: Schädel Arago 21 aus Tautavel, Frankreich (Alter ca. 400 000 J.);
unten: Unterkiefer von Mauer bei Heidelberg (Alter ca. 600 000 J.)

gegenüber dem asiatischen *Homo erectus* eigenständigen frühen
europäischen *Homo*-Art wieder Befürworter findet (S. 103).

Erst über 50 Jahre später tauchten weitere Reste des *Homo
erectus* in Europa auf. Aus der Pyrenäen-Höhle von Arago
(Tautavel, Frankreich) wurden durch die Arbeiten Henry und
Marie-Antoinette de Lumleys seit 1964 über 50 Hominiden-
Fragmente geborgen. Der Schädel Arago 21 (Abb. 10) ist ca.
400 000 Jahre alt, möglicherweise aber auch jünger. Er belegt

die früheste Phase des einsetzenden Übergangs von *Homo erectus* („*Homo heidelbergensis*") zu *Homo sapiens neanderthalensis* in Europa. Zum gleichen Formenkreis gehören die Hominiden-Funde aus dem thüringischen Bilzingsleben mit einem Alter von möglicherweise knapp über 400 000 Jahren. Dieser Fundplatz eiszeitlicher Werkzeuge und Tierreste, seit 1969 unter der Leitung von Dietrich Mania systematisch erschlossen und interdisziplinär bearbeitet wurde. An der mit etwa 500 000 Jahren ältesten bekannten Hominiden-Fundstelle Englands, in Boxgrove, wird seit 1986 gegraben. Neben einem Schienbein des *Homo erectus* (*heidelbergensis*), zwei Schneidezähnen und Steinwerkzeugen, sind von hier die ältesten Knochenwerkzeuge Europas überliefert. Die heutigen britischen Inseln hatten in der Eiszeit eine Festlandsverbindung mit Europa.

Die mit Abstand ergiebigste Hominiden-Fundstelle Europas aber ist die Sierra de Atapuerca bei Burgos in Nordspanien. Dort wurden allein aus den zwei Hauptgrabungsstellen, Sima de los Huesos und Gran Dolina, die in unterschiedlichen Höhlensystemem liegen, über 1 600 Hominiden-Fragmente ergraben, mehr als dreiviertel aller weltweit aus dem mittleren Pleistozän (780 000 bis 120 000 Jahre) bekannten Frühmenschenreste. Zu den bedeutendsten Funden des Teams unter Leitung von Juan-Louis Arsuaga gehörten 1994 in der Höhle Gran Dolina (Schicht 6), über 35 *Homo erectus*-ähnliche Fragmente von wenigstens 4 Individuen zusammen mit mehr als 100 Steinwerkzeugen aus Quarzit, Kalkstein und Sandstein. Das Alter der Funde ist ca. 800 000 Jahre.

Die ältesten aus Europa bekannten Hominiden-Funde stammen von mehreren Fundorten in der Region Orce in Andalusien, Südspanien. Ende der achtziger und zu Beginn der neunziger Jahre wurden mehrere Schädel- und Langknochenfragmente von *Homo erectus* bekannt, die mit 1,8 bis 1,6 Millionen Jahren ein ähnliches Alter aufweisen wie der Unterkiefer aus Dmanisi (S. 86) in Georgien. Beide sind möglicherweise auf die afrikanischen Ursprungsformen des *Homo erectus*, *Homo ergaster/rudolfensis* zurückzuführen. Vor allem die Vorstellungen über die ersten Auswanderungen aus Afrika erfuhren hierdurch in den letzten Jahren entscheidende Änderungen (Abb. 12).

Funde und Fundgeschichte in Afrika

Über lange Zeit wurde *Homo erectus* als außerafrikanische Form angesehen, die nur in Asien und Europa vorkam. In der Australopithecinen-Fundstelle Swartkrans (Abb. 1) wurden aber 1949 von Robert Broom und John T. Robinson Hominiden-Reste entdeckt, die sich deutlich von den in den Schichten ebenso vorkommenden Australopithecinen unterschieden. Diese als *Telanthropous* („Zielmensch") beschriebenen Fossilien werden heute meist zu *Homo erectus* gerechnet, teilweise jedoch auch *Homo habilis* (S. 66) zugeordnet.

Bei kommerziellen Steinbrucharbeiten bei Ternifine (Abb. 1) in Algerien wurden 1954 und 1955 drei große Hominiden-Unterkiefer zusammen mit einem Schädeldach und Einzelzähnen geborgen. Von Camille Arambourg zunächst als *Atlanthropus* (Atlas-Mensch) beschrieben, werden die ca. 700 000 Jahre alten Reste heute zu *Homo erectus* gezählt. An der Fundstelle wurden auch Hunderte von Steinwerkzeugen und Tierreste entdeckt. Aus dem Tschad stammt ein in der Zuordnung umstrittenes, etwa 800 000 Jahre altes Fossil: Ein stark verwitterter Gesichtsschädel aus Yayo (Abb. 1) wurde 1961 von Yves Coppens zunächst als *Tchadanthropus* beschrieben, der Ähnlichkeit zu den damals bekannten Australopithecinen des südlichen Afrika aufweisen sollte. Später zunächst mit *Homo habilis* in Verbindung gebracht, wird der Tschad-Fund heute von den meisten Anthropologen als *Homo erectus* angesehen.

Mit den Erfolgen bei der Erforschung der Vormenschen durch Louis und Mary Leakey in Olduvai Gorge stellten sich auch Funde des *Homo erectus* im östlichen Afrika ein. So wurde schon kurz nach dem berühmten *Zinjanthropus* (S. 37) 1960 ein Hominidenschädel, *Olduvai-Hominid* 9 (OH 9) (Abb. 9), in Olduvai gefunden, der zwar an der Oberfläche lag, aber mit Bed II in Verbindung gebracht werden konnte und daher ungefähr 1,2 Millionen Jahre alt ist. Weitere *Homo erectus*-Fossilien kamen zwischen 1960 und 1970 aus verschiedenen in Fundhorizonten Olduvai Gorge (Bed III, Bed IV), darunter Hirnschädel-, Kiefer-, Oberschenkel- und Beckenfragmente.

Während der intensiven Geländearbeiten Richard Leakeys in Koobi Fora am Ostrand des Turkana Sees in Kenya wurden neben robusten Vormenschen seit 1975 ebenfalls *Homo erectus*-Fossilien geborgen. *Homo erectus* zugeordneten Funde aus Koobi Fora, über 30 Schädel- und Skelettreste, stammen aus Fundschichten oberhalb des sogenannten KBS-Tuffes (benannt nach der Entdeckerin Kay Behrensmeyer), der als wichtigster Zeithorizont in Koobi Fora mit ca. 1,7–1,6 Millionen Jahren datiert ist. Diese Funde wurden als frühe afrikanische Form des *Homo erectus* in die neue Art *Homo ergaster* (S. 76) eingruppiert. Auf der Westseite des Turkana Sees („West Turkana") bei Nariokotome (Abb. 1) wurde von Kamoya Kimeu 1984 das fast vollständig erhaltene Skelett eines ca. zwölfjährigen Jugendlichen entdeckt, der zu Lebzeiten fast 1,70m groß gewesen sein muß (Abb. 11). Der ca. 1,6 Millionen Jahre alte Fund mit der Katalognummer KNM-WT 15000 wird daher auch als *Turkana-Boy* bezeichnet. Es handelt sich um das vollständigste jemals entdeckte Hominiden-Skelett, ihm fehlen nur die Knochen der Füße, des rechten Unterarms und linken Arms sowie das linke Schulterblatt (Abb. 11). Der Fund wird als *Homo ergaster* zu den ursprünglichen afrikanischen *Homo erectus*-Formen gerechnet.

Die Fundlage von *Homo erectus* an den wichtigsten Fundstellen in Afrika, Asien und Europa stellt sich heute somit folgendermaßen dar:

Früher *Homo erectus* (*Homo ergaster*)
(2–1,5 Millionen Jahre):
Nariokotome (Abb. 11), Koobi Fora (Kenya),
Konso-Gardula (Äthiopien), Orce (Spanien), Dmanisi (Georgien), Sangiran (Djetis-Schichten), Modjokerto (Java), Longgupo (China)

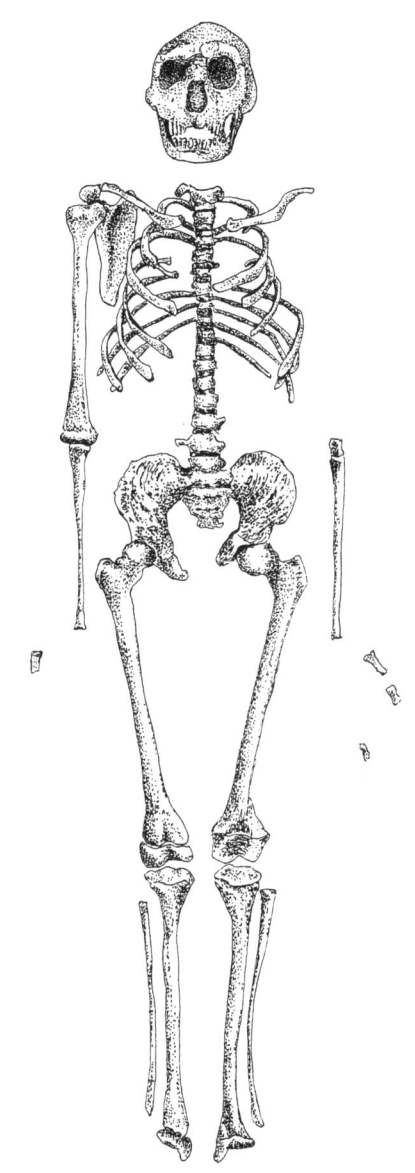

Abb. 11: früher
afrikanischer *Homo erectus*
(Homo ergaster)
Turkana Boy, Skelett
KNM-WT 15000 aus
Nariokotome,
West-Turkana, Kenya
(Alter ca. 1,6 Mio. J.)

Später afrikanischer und asiatischer *Homo erectus*
(1,5 Millionen–300 000 Jahre)
Swartkrans (Südafrika), Oduvai Gorge (Tanzania)
(Abb. 9), Kanam (Kenya), Yayo (Tschad), Ternifine
(Algerien), Omo, Melka Kunturé (Äthiopien), Sangiran
(Trinil-Schichten), Trinil, Ngandong (Java), Lantian,
Lantandong, Yuanmou, Zhoukoudian (China) (Abb. 9),
Ubeidiya (Israel), Narmada (Indien), Tham Khyen, Tham
Hai (Vietnam)

Europäischer *Homo erectus* (*Homo heidelbergensis*)
(800 000–400 000 Jahre
Gran Dolina (Atapuerca) (Spanien), Mauer (Abb. 10),
Bilzingsleben (Deutschland), Arago (Frankreich)
(Abb. 10), Boxgrove (England), Ceprano (Italien)

In Äthiopien fand die Internationale Omo Forschungsxedition
(S. 39) im Gebiet des Omo-Flusses (Abb. 1) Anfang der siebziger Jahre einen Schädelrest mit einem Alter von ca. 1,2 Millionen Jahren. In der Nähe von Addis Abeba werden seit
1973 Grabungsarbeiten an einer der reichhaltigsten archäologischen Fundstellen Afrikas, Melka Kunturé, durchgeführt.
Hier ist eine durchgehende Folge archäologischer Fundhori-
zonte von 1,6 Millionen bis zu 200 000 Jahren Alter aufgeschlossen. In den älteren Schichten wurden Schädelbruchstük-
ke, Unterkiefer und Oberarm von *Homo erectus* zusammen
mit Werkzeugen des Oldowan- (S. 64) und Acheuléen-Typs
gefunden. Auch an der neuen Fundstelle Konso-Gardula
(Abb. 1), wo später noch ein vollständiger *Australopithecus
boisei*-Schädelfund auftauchte (S. 41), wurde 1991 ein früher
Homo erectus (*Homo ergaster*)-Unterkiefer zusammen mit
ca. 1,5 Millionen alten, sehr ursprünglichen Acheuléen-Werkzeugen entdeckt.

Merkmale und Lebensweise des *Homo erectus*

Vor ca. 2 Millionen Jahren begann in Afrika die Entwicklung zu Hominidentypen mit kräftigerem und größerem Skelett und massivem Knochenbau im Schädel, den typischen Merkmalen von *Homo erectus*. Dieser Trend begann nicht mit *Australopithecus (Homo) habilis*, da diese Form zeitlich parallel erst aus *Australopithecus africanus* des südlichen Afrika hervorging (S. 75). Ursprung für *Homo erectus* war wahrscheinlich ein relativ robuster Prototyp der mit *Homo rudolfensis* 500 000 Jahre zuvor, vor ca. 2,5 Millionen Jahren, im östlichen Afrika entstanden war (S. 76). Die vielfach angenommene Abstammung des *Homo habilis* wird beispielsweise mit Ähnlichkeiten in Anzahl und Bau der Zahnwurzeln begründet, doch sind diese Merkmale sehr variabel und funktionsabhängig und können unabhängig voneinander entstanden sein.

Gegenüber *Homo rudolfensis* zeigen sich bei *Homo erectus* Körpermerkmale, die eine progressive Entwicklung zum *Homo sapiens* andeuten. Hierzu gehören vor allem die Vergrößerung des Hirnschädelvolumens, die Veränderung der Proportionen des Hirn- und Gesichtsschädels, die Verstärkung der Schädelbasisknickung, die tiefere Lage der Öffnung der Schädelunterseite (*Foramen magnum*), der Bau des Kiefergelenkes und die rundlichere Zahnbogenform.

Der Hirnschädel von *Homo erectus* ist charakteristischerweise dickwandig und weist Einschnürungen im Bereich hinter den Augenhöhlen auf. Kennzeichnend ist ebenso eine recht niedrige Stirn und die Ausbildung von kräftigen Überaugenwülsten, über deren Funktion man bis heute rätselt. Während die Australopithecinen und frühe Mitglieder der Gattung *Homo* noch viele Skelettmerkmale aufweisen, die sogar an die Menschenaffen erinnern, stimmt die Anatomie des Skelettes von *Homo erectus* schon in vielen Einzelheiten weitgehend mit der des modernen Menschen überein. Jedoch sind vor allem die Hüften, Bein- und Fußknochen sehr viel kräftiger ausgebildet. Der massive Knochenbau läßt darauf schließen, daß

Homo erectus eine hohe Kraft und Ausdauer beim Tragen von Material und Nahrung zu den Wohnorten aufbrachte.

Gehirnwachstum

Erst innerhalb der Art *Homo erectus* ist eine verstärkte Zunahme des Gehirnvolumens feststellbar. Der Mittelwert von ca. 1000 ccm ist jedoch wenig aussagekräftig, da eine deutliche Entwicklung von den frühen zu den späten *Homo erectus*-Formen zu beobachten ist. Das rekonstruierte Gehirnvolumen beträgt bei den ältesten Schädeln ca. 800–900 ccm. Hierzu gehören zum Beispiel einige der Funde von Koobi Fora und der Turkana Boy (Abb 11) von Nariokotome, die aufgrund verschiedener Merkmale von einigen Anthropologen als eigene Art *Homo ergaster* abgetrennt werden. Vor einer Million Jahren werden Werte von ca. 900–1000 ccm erreicht und vor 0,5 Millionen Jahren über 1100–1200 ccm.

Absolute Gehirnvolumina sind allerdings nur schwer vergleichbar, da Organismen mit größerem Körpergewicht und mehr zu steuernder Muskelmasse auch absolut ein größeres Gehirnvolumen aufweisen müssen. Viel höheren Aussagewert hat das relative Hirnvolumen – eine Größe, bei der Hirnvolumen in Beziehung zum Körpergewicht gesetzt wird. Bezogen auf das gleiche Körpergewicht schneiden hierbei die Primaten im Vergleich zu den übrigen Säugetieren um den Faktor 1,6–3,1 besser ab. Dieser Faktor beträgt bei den Australopithecinen zwischen 2,4 und 3,2, bei *Homo erectus* zwischen 4,5 und 5 und bei *Homo sapiens* ca. 7,2. Unter Berücksichtigung der kürzer werdenden zeitlichen Abstände beschleunigt sich also die Zunahme der Gehirngröße mit *Homo erectus* erheblich.

Das Gehirn des modernen Menschen weist ein durchschnittliches Volumen von 1450 ccm auf, jedoch ist die Variationsbreite erheblich. „Intelligenz" hängt nicht mit individueller Gehirngröße zusammen, da es hierfür weniger auf das Volumen als auf die neuronale Vernetzung ankommt. Das Gehirn des Menschen ist ca. dreimal größer als das eines Schimpansen, aber nicht nur eine vergrößerte Kopie. Der

Neocortex, zuständig auch für das Speichern und Verknüpfen verschiedenster Informationen, zum Beispiel für das Verarbeiten von Erfahrungen und für „Denkleistungen", ist überproportional erweitert. Ebenso ist das Kleinhirn (*Cerebellum*), in dem angelernte motorische Funktionsmuster koordiniert werden, vor allem die Gesicht und Hände betreffenden Abschnitte, stark ausgedehnt. Die Erweiterung des *Neocortex* zeigt sich an Schädelresten seit *Homo erectus* in der Erhöhung der Stirn; die Vergrößerung des Kleinhirns ist an Fossilien anhand einer zunehmenden Eintiefung der hinteren Hirngrube an der Basis des Schädels nachzuweisen.

Ernährung und Zähne

Das Gehirn ist neben Darm und Leber das Organ mit dem höchsten Energieverbrauch im menschlichen Körper. Eine interessante Frage ist daher nicht nur, welche Vorteile ein größeres Gehirn bietet, sondern vor allem auch, wie ein Organismus sich den dadurch stark erhöhten Energieverbrauch leisten kann. Einen Hinweis gibt hier zum Beispiel die Größe des menschlichen Darms, der nur halb so groß ist und damit sehr viel weniger Energie verbraucht, als dies bei Primaten menschlicher Körpergröße zu erwarten wäre. Dies ist aber nur deshalb möglich, weil sich der Mensch zum Allesfresser mit hohem Fleischanteil entwickelte, während die übrigen Primaten überwiegend Pflanzenfresser blieben, denn reine Pflanzenfresser brauchen verdauungsfunktionell einen sehr viel längeren Darmtrakt. Offensichtlich mußte sich die Ernährung des Menschen ändern, weil das Gehirn wuchs, abgesehen von den Vorteilen des höheren Ernährungswertes, den die Fleischnahrung bot.

Während das Gehirn an Volumen und Komplexität zunahm, ging die Größe der Backenzähne im Laufe der Zeit erheblich zurück. Die Backenzähne (Molaren) der Australopithecinen (S. 51) zeichneten sich vor allem durch dicken Zahnschmelz aus, die der frühen Urmenschen (*Homo rudolfensis*) (S. 70) waren recht groß und robust. Dies deutet auf hohe Anteile pflanzlicher Nahrung wie zum Beispiel Fasern und/oder harten Samen in der Nahrung hin. Jedoch begannen erst die robusten Australopithecinen (S. 51) in dieser Hinsicht eine weitere besonders starke Spezialisierung, um dem mit steigender Trockenheit in Afrika zunehmend harten Nahrungsangebot gewachsen zu sein:

Die Alternative, der systematische Einsatz von Steinwerkzeugen ab Entstehung der Gattung *Homo* (S. 72), führte sehr schnell zu einer Verlagerung eines Teils der Nahrungsverarbeitung vom natürlichen Nahrungsapparat der Zähne und Kaumuskulatur auf die beginnenden technisch-kulturellen Optionen. Pflanzennahrung kann im Gegensatz zu Fleischnahrung im menschlichen Darmsystem jedoch nur verarbeitet werden, wenn sie bis auf Zellniveau aufgeschlossen ist. Dies können Steinwerkzeuge nicht leisten, sondern ist Aufgabe der höchst präzise aufeinander eingeschliffenen Backenzähne. Die Optimierung dieser Funktion war aber nur möglich, weil das Gebiß von den gröberen Aufgaben der ersten Nahrungszerkleinerung befreit wurde. Auch hier besteht offensichtlich eine Wechselwirkung zwischen verschiedenen Evolutionsmerkmalen. Die Größe der Backenzähne war jetzt kein entscheidender Vorteil mehr, da ihr Wirkungsgrad auf sehr viel kleinere Dimensionen ausgelegt war. So sind die Backenzähne des späten *Homo erectus* denen des frühen *Homo sapiens* bereits sehr ähnlich. Mit dem Rückgang der Kauleistung bildeten sich auch Kiefer und Kaumuskulatur zurück, die bei den späten *Homo erectus*-Formen nicht mehr die Schädelmitte erreicht, sondern im Bereich der Schläfen ansetzt.

Hände und Werkzeugkultur

Mit Entstehung des Homo *erectus* nehmen die der biologischen Evolution zurechenbaren Merkmalsveränderungen ab. Dafür steigt das Ausmaß der Veränderungen durch kulturelle Evolution an (Abb. 16). Erste Anzeichen für eine systematische Werkzeugkultur liegen aus der Zeit des *Homo rudolfensis* vor. Zur Herstellung und zum Gebrauch von Werkzeugen sind vor allem die Hände wichtig. Die Möglichkeiten der „Manipulation" (im eigentlichen Sinn des Wortes) aufgrund freier Hände werden vereinzelt sogar als Triebfeder für die Entstehung des aufrechten Gangs angeführt. Die heutige Fundlage und ihre zeitliche Abfolge stützen diese Sichtweise jedoch nicht. Der aufrechte Gang entstand zunächst in aufgelockerten Waldrand-Habitaten als eine neuartige Strategie zur Überwindung der Baumzwischenräume am Boden (S. 45). Die Hände, sonst bei allen anderen Primaten mit Fortbewegung beschäftigt, sind frei für neue Aufgaben.

Leider werden die sehr kleinen und fragilen fossilen Handknochen meist gar nicht oder nur isoliert gefunden, so daß eine Zuordnung zu Schädeln und damit zu definierten Arten nur selten gelingt. Bei Menschenaffen sind die Fingerknochen leicht gebogen. Dies ist auch bei den Australopithecinen noch zu beobachten. Bei *Homo erectus* sind sie fast gerade gestreckt und daher nicht mehr als „Kletterkonstruktion" anzusehen. Das letzte Knochenglied des Daumens, bei Menschenaffen sehr schmal ausgebildet, ist bei *Homo sapiens* breit und kräftig. *Homo erectus* nimmt eine Mittelstellung ein und zeigt, daß die Umbildung von einer kraftausübenden Greifkonstruktion zur Hand als Präzisionswerkzeug hier bereits weit fortgeschritten war. Im Gegensatz zum „Kraftgriff" (*Power Grip*) der Menschenaffen, die ein Objekt mit den Fingern und dem Daumen nur umklammern können, ist spätestens seit *Homo erectus*, wahrscheinlich aber schon früher, ein „Präzisionsgriff" (*Precision Grip*) möglich. Durch die Stärkung der Daumenknochen und der Sehnen sowie die größere Flexibilität des Daumens wird dieser gegenüber den Spitzen der anderen Finger anlegbar (opponierbar). Mit einer exakt gesteuerten Kraft gelingt es, die dazwischen befindlichen Objekte präzise zu manipulieren.

Bei *Homo erectus* waren alle anatomische Voraussetzungen für eine präzise Handhabe kleiner Objekte und damit die Herstellung effektiver Werkzeuge gegeben. Dennoch ging die Weiterentwicklung der Werkzeugkultur nur äußerst schleppend voran. Über eine Million Jahre lang änderte sich an der ursprünglichen Art der Steinwerkzeug-Herstellung durch Abschlagen einiger Splitter nur wenig. In der Entwicklung der

Kultur des Menschen ist daher der älteste Abschnitt der längste. Die Altsteinzeit dauerte von 2,5 Millionen Jahren bis vor ca. 200000 Jahren. Danach werden die unterscheidbaren Phasen mit neuen technischen Entwicklungen bis heute immer kürzer: Die neuesten Prozessoren für Computer sind bereits nach einigen Monaten wieder veraltet.

Der erste Abschnitt der Altsteinzeit ist durch die Oldowan-Kultur bestimmt, die in Afrika seit 2,6 bis ca. 1,5 Millionen Jahren nachzuweisen ist. Meist handelt es sich um Geröllwerkzeuge (*Pebble tools*), die als einfache Klingen oder Schaber ausgebildet sind. Die Werkzeuge der Oldowan-Kultur (Zeit der Urmenschen und des frühen *Homo erectus* bzw. *ergaster*) konnten relativ einfach an Ort und Stelle hergestellt werden. Daneben und schon lange davor muß die Benutzung unbearbeiteter Steine zum Aufbrechen der Knochen toter Tiere oder harter Früchte üblich gewesen sein. Vor ca. 1,5 Millionen Jahren wird jedoch eine neue Qualität sichtbar: In der jüngeren Phase der Altsteinzeit, der Acheuléen-Kultur, tauchen Faustkeile in verschiedenen Varianten auf, die für verschiedene Zwecke technisch unterschiedlich hergestellt wurden. Die Anfertigung dieser differenzierten Geräte verlangen gezielte Planung und Voraussicht. Die Acheuléen-Kultur wird mit dem späteren *Homo erectus* Afrikas, Asiens und Europas in Verbindung gebracht. Obwohl Skelettreste von *Homo erectus* in Mitteleuropa selten sind, wurden alleine aus Deutschland mehr als ein Dutzend Fundstellen mit Acheuléen-Werkzeugen bekannt (zum Beispiel Bad Cannstatt, Münzenberg), die darauf hindeuten, daß *Homo erectus* vielleicht schon vor 1 Million Jahren das Gebiet besiedelte. Da mit der Entwicklung der Werkzeuge zunehmend Erfahrungen ebenso wie Zukunftsplanungen einflossen, muß *Homo erectus* ein Gefühl für Vergangenheit und Zukunft, für die Folgen der eigenen Handlungen und jene der anderen besessen haben.

Sprache

Mit dem leistungsfähigeren Gehirn standen zunehmend bessere Möglichkeiten der Speicherung und der Verarbeitung komplexer Zusammenhänge zur Verfügung. Doch beruht der Erfolg der menschlichen Kultur hauptsächlich auf einem Synergieeffekt, den die Möglichkeiten des Gedankenaustauschs vieler Individuen mit sich brachten. Dazu bedurfte es jedoch der Entwicklung eines differenzierten Instruments zur Weitergabe dieser Informationen, der Sprache.

Obwohl es direkte Hinweise auf Sprache bei *Homo erectus* nicht gibt, muß aufgrund der Fähigkeit zur Herstellung kenntnisreich entwickelter Werkzeuge auch vom Vorhandensein einer funktionierenden Sprache ausgegangen werden. Diese war aber aufgrund noch fehlender Möglichkeiten zur differenzierten Atmung und Lauterzeugung noch nicht typisch menschlich. Dennoch ist auch die Entwicklung der Werkzeug-Kultur, die Tradierung dieser Kultur und ihre Weitergabe von Individuum zu Individuum und von Generation zu Generation ein Beispiel für die zunehmende gegenseitige Vernetzung biologischer und kultureller Faktoren im Verlauf der Evolution des Menschen (Abb. 16).

Lebensraum

Wahrscheinlich bildet sich bei *Homo erectus* bereits eine vorstehende, knorpelige Nase aus, wie sich anhand von vollständig erhaltenen Schädeln indirekt erschließen läßt. Diese Form der Nase führt zu einer besseren Thermoregulation der Atemluft und kennzeichnet eine sehr aktive Lebensweise. Zwar gibt es keine fossilen Belege, aber es ist anzunehmen, daß die Haarlosigkeit und die Schweißdrüsen ebenfalls während der *Homo erectus*-Phase entstanden. Zusammen mit einer dunkel pigmentierten Haut war *Homo erectus* dadurch den Anforderungen an ein Leben in den tropischen Bereichen Afrikas gewachsen. Das Skelett des Turkana-Jungen (Abb. 11) ist erstaunlich groß, wie dies in tropischen Breiten zu erwarten ist, um die Abstrahlung von Körperwärme zu erleichtern. Die Nachfahren des *Homo erectus* in Europa, die Neandertaler, die in kalten Klimabereichen lebten, waren wesentlich kleiner. Der Lebensraum des frühen *Homo erectus* waren hauptsächlich die weit verbreiteten afrikanischen Savannengebiete. Sehr schnell kommt es zu Auswanderungen aus Afrika bis nach Asien und Europa, und *Homo erectus* dringt in kühlere und regenreichere Gebiete vor. Diese Ausbreitung war nur möglich, weil *Homo erectus* die Beschaffung von Nahrung perfektioniert hatte und den Lebensraum besser ausnutzen konnte.

Feuer und Jagd

Die frühesten Hinweise auf den kontrollierten Gebrauch von Feuer stammen aus Koobi Fora (Abb. 1) in Ost-Turkana vor ca. 1,5 Millionen Jahren. Direkte Nachweise gelangen in Swartkrans (Abb. 1) in Südafrika, wo rund eine Million Jahre alte Verbrennungsspuren an Knochen nachgewiesen wurden, die aufgrund der rekonstruierten Temperaturen nicht von einem Buschfeuer hergerührt haben können. Es ist wahrscheinlich, daß es erstmals bereits dem frühen *Homo erectus* gelang, Feuer für sich nutzbar zu machen. Es entsteht sehr oft natürlich, zum Beispiel durch Blitzschlag, und muß den Frühmenschen als zerstörerische Kraft gut bekannt gewesen sein. Nicht nur die Wärme des Feuers war – vor allem später bei der Besiedlung kühlerer Kontinente – von Bedeutung, sondern auch der bessere Schutz vor wilden Tieren, die Möglichkeit Nahrung zu erhitzen, sie dadurch zu erweichen und lagerfähige Vorräte anzulegen. Die Kontrolle des Feuers war und ist bis heute jedoch nicht nur eine technisch, sondern eine gleichermaßen gesellschaftlich zu regelnde Aufgabe. Man kann daher für *Homo erectus* ein funktionierendes Sozialgefüge ableiten.

Auch erste Hinweise auf gezielte Jagd nach Beutetieren stammen von *Homo erectus*. Aus Funden von Steinwerkzeugen und Tierknochen mit Schnittspuren dieser Gerätschaften ist zu schließen, daß eine Zerlegungstechnik entwickelt war. So konnte Jagdbeute, die in größeren Mengen gemacht wurde, intensiv und systematisch ausgeschlachtet werden. Dadurch stand vor allem stillenden Müttern die hochwertige Nahrung zur Verfügung, die notwendig war, um das nach der Geburt stark anwachsende Gehirn der Säuglinge mit energiereicher Nahrung zu versorgen.

Die Jagdbeute wurde an festen Rastplätzen geteilt. Es bildeten sich Spezialisten für verschiedene Tätigkeiten heraus, deren Erfolg nicht nur von allgemeinen biologischen Fähigkeiten, sondern in zunehmendem Maße von speziellen Begabungen – wie beispielsweise erforderlich für die Herstellung von Werkzeugen – abhing. Das typische Werkzeug des *Homo erectus*, der Faustkeil, ist auf einer Seite stumpf, auf der anderen mit einer scharfen Klinge versehen. Er wurde zum Beispiel zum Zerlegen der Jagdbeute, zum Zerkleinern von Brennmaterial und zum Graben eingesetzt. Vermutlich wurden Steine auch als „Wurfgeschosse" verwendet. Die Jagdtechniken des *Homo erectus* umfaßten auch Treibjagden. In Torralba in Spanien entdeckte F. Clark Howell eine komplette Elefantenherde, die vor über 300 000 Jahren wahrscheinlich mit Hilfe brennender Fackeln in Sümpfe getrieben wurde, wo sie dann erlegt werden konnte.

Auswanderung aus Afrika

Sowohl die Fähigkeit, das Feuer zu nutzen, als auch die entwickelten Jagdtechniken, waren wichtige Voraussetzungen, Afrika zu verlassen. Möglicherweise war die Jagd eine wichtige Triebkraft, um in entfernteren Gebieten nach Beute zu suchen und so den Lebensbereich langsam auszudehnen. Auch wenn pro Generation der Lebensraum nur um wenige Kilometer verlagert oder ausgedehnt wird, können große Entfernungen innerhalb kurzer Zeitspannen geologisch zurückgelegt werden. Die ältesten Nachweise der Besiedlung Javas und Chinas gehen bis ca. 1,8 Millionen Jahre zurück.

Spätestens vor 2 Millionen Jahren verließ der frühe *Homo erectus* (*Homo ergaster*) oder ein später *Homo rudolfensis* zum ersten Mal den afrikanischen Kontinent. Dies stimmt gut überein mit klimageographischen Daten, die für die Zeit um 2 Millionen Jahre die Ausdehnung der an Nahrung reichen Biome belegen, die zunächst zu einer passiven Mitwanderung einiger Hominidenpopulationen geführt haben dürfte, bevor sich eine Ausbreitung im frühen Pleistozän (seit ca. 1,9 Millionen Jahren) nach Asien anschloß (Abb. 12). Weitere spätere

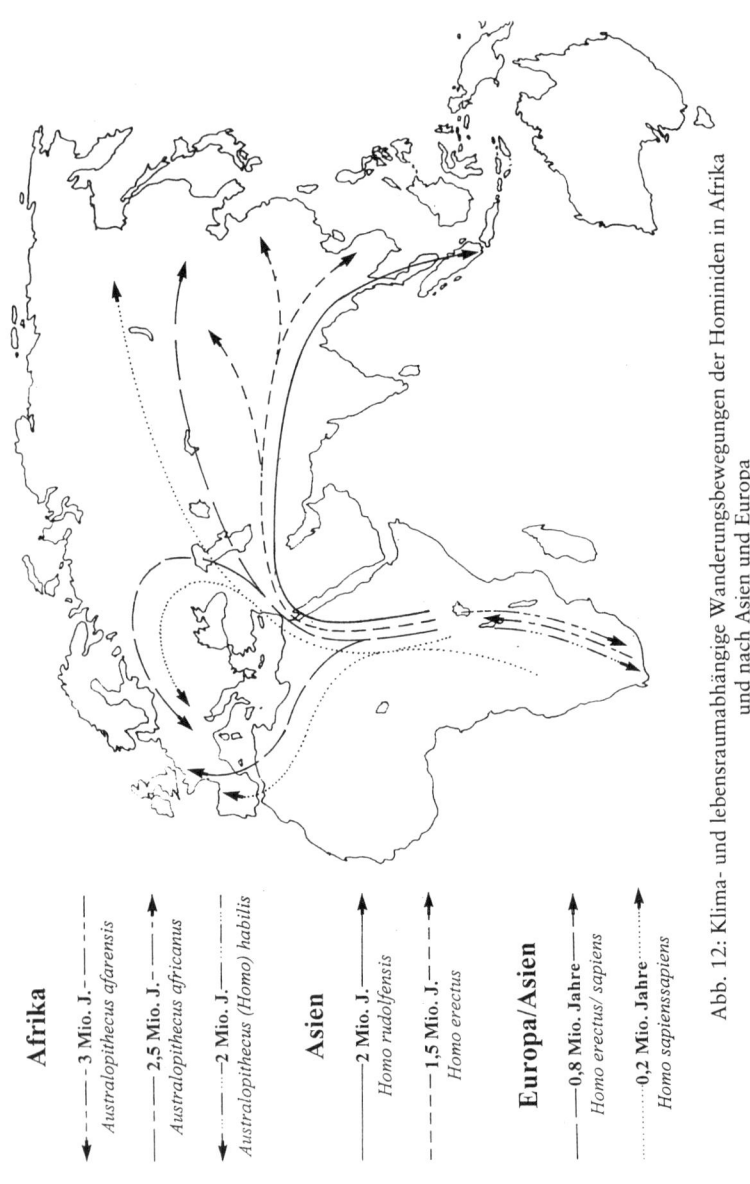

Afrika

- – · – · – **3 Mio. J.** – · – · –
  Australopithecus afarensis

- – – – **2,5 Mio. J.** – – –
  Australopithecus africanus

- ········· **2 Mio. J.** ·········
  Australopithecus (Homo) habilis

Asien

- ———— **2 Mio. J.** ————
  Homo rudolfensis

- – – – **1,5 Mio. J.** – – –
  Homo erectus

Europa/Asien

- ———— **0.8 Mio. Jahre** ————
  Homo erectus/ sapiens

- ········· **0.2 Mio. Jahre** ·········
  Homo sapienssapiens

Abb. 12: Klima- und lebensraumabhängige Wanderungsbewegungen der Hominiden in Afrika und nach Asien und Europa

Auswanderungsphasen des *Homo erectus* aus Afrika fanden wahrscheinlich im mittleren Pleistozän (ab ca. 800 000 Jahren) statt (Abb. 12).

Vor spätestens ca. 400 000 Jahren war *Homo erectus* in Ostasien, Südostasien sowie in Mittel- und Südeuropa weit verbreitet. Im mittleren Pleistozän wirkten sich die klimatischen Bedingungen der Eiszeiten auf die biologische und kulturelle Evolution des Frühmenschen aus. Der Lebensraum wurde durch die sich im Norden Asiens ausbreitenden Dauerfrostgebiete begrenzt. Andererseits entstanden neue Landbrücken am Rande der Kontinente, da durch das Vordringen des Eises große Wassermassen gebunden waren. In Asien lebte *Homo erectus* in vorwiegend trockenen Steppengebieten, die sich auch in Europa ausbreiteten. Jedoch waren in den warmen Zwischeneiszeiten die klimatischen Verhältnisse teilweise günstiger als an denselben Stellen heute.

An einigen chinesischen Fundstellen erscheinen vor ca. 280 000 Jahren Frühmenschen, die anatomisch eine Zwischenform von *Homo erectus* und *Homo sapiens* darstellen und daher manchmal als „archaischer *Homo sapiens*" klassifiziert werden. Der moderne Mensch, *Homo sapiens, sapiens* taucht in Asien jedoch erst vor 40 000 Jahren auf, wobei hier alles auf seinen afrikanischen Ursprung hindeutet (S. 115). Auch in Europa entwickelt sich die europäische Variante des *Homo erectus* im mittleren Pleistozän (*Homo heidelbergensis*) weiter. Oft werden diese Frühmenschen zwar ebenfalls als „archaischer *Homo sapiens*" bezeichnet. Verwandtschaftliche Verhältnisse zu *Homo sapiens sapiens* werden damit nicht ausgedrückt, denn dieser Übergang ist nur in Afrika anhand von Fossilien zu belegen (S. 117). Bei den europäischen Frühmenschen zeigt sich hingegen eine Mischung von anatomischen Merkmalen des *Homo erectus* mit denen des späteren, in Europa heimischen Neandertalers (*Homo sapiens neanderthalensis*).

Verschlungene Wege zum modernen Menschen

Vor ca. 500000 Jahren beginnt der vorletzte Evolutionsschritt auf dem Weg zum modernen Menschen (*Homo sapiens sapiens*): Der „archaische *Homo sapiens*" entsteht in Afrika, Asien und Europa. In Europa geht aus dem späten archaischen *Homo sapiens* („*Homo steinheimensis*") der Neandertaler, *Homo sapiens neanderthalensis*, hervor, während zeitlich parallel in Afrika bereits der *Homo sapiens sapiens* entsteht. Neandertaler und moderner Mensch treffen schließlich vor knapp 80000 Jahren im Nahen Osten aufeinander. Sie existieren dort fast 50000 Jahre lang neben- und miteinander. Der aus Afrika stammende moderne Mensch setzt sich weltweit durch, während die Unterart des europäischen Neandertalers seit ca. 30000 Jahren nicht mehr anatomisch nachweisbar ist.

Dieser kurze Abriß gibt die in diesem Kapitel dargelegte Vorstellung von der Entstehung des modernen Menschen wieder. Noch vor wenigen Jahren wäre diese Sicht völlig abwegig gewesen, und in vielen Lehrbüchern entsteht der moderne Mensch noch immer in Europa: Wie schon bei der Fundgeschichte der Vormenschen, Urmenschen und Frühmenschen ersichtlich war, liegen aber auch im Fall des modernen Menschen dessen Ursprungsgebiet und die Zentren paläoanthropologischer Forschung geographisch weit auseinander; hinzu kamen rassistische Ideologien, die Afrika vielleicht noch als Wiege der Vormenschen, aber keineswegs als Wiege des modernen Menschen gelten lassen können. Mit zunehmender Verbesserung der Fundlage wird jedoch immer klarer: Wir sind alle Afrikaner.

Funde und Fundgeschichte des frühen *Homo sapiens* in Europa

Bereits im 18. Jahrhundert wurde die in der Paläontologie heute noch übliche „aktualistische Methode" (S. 20) der Analyse und des Vergleichs mit rezenten (heute lebenden) Organismen entwickelt. In Deutschland beschäftigten sich mit diesen Themen beispielsweise Johann Wolfgang von Goethe und Johann Heinrich Merck. Durch George Cuvier in Paris wurde Anfang des 19. Jahrhunderts schließlich die Wirbeltierpaläontologie als moderne Wissenschaft begründet. Methodisch als vergleichend-anatomische Naturwissenschaft angelegt, wurde jedoch schnell ein Mangel bei der Erklärung der historischen Dimension deutlich. Das theoretische Konzept hierfür wurde erst ab Mitte des 19. Jahrhunderts entwickelt. Eine sukzessive Veränderung (Mutation) der Organismen im Laufe der Zeit sollte für die Entstehung der Arten wesensbestimmend sein. Charles Darwin lieferte jedoch 1859 als erster eine einleuchtende Erklärung dafür, wie die „Entstehung der Arten durch natürliche Zuchtwahl" (Selektion) erklärt werden kann. Wenn auch die dazu notwendigen Vorgänge auf molekulargenetischer Ebene bis heute noch weitgehend unverstanden sind, zog die dadurch begründete Evolutionstheorie förmlich eine wissenschaftliche Revolution nach sich, mit drastischen und bis heute spürbaren gesellschaftlichen, ideologischen, religiösen und weltanschaulichen Auswirkungen.

Wie allen großen wissenschaftlichen Theorien ging auch der formalen Begründung der Evolutionstheorie eine lange Zeit wissenschaftlicher Arbeiten voraus, bei denen grundlegende Bausteine und interessante Einzelbeobachtungen zusammengetragen wurden. Dazu gehörten beispielsweise die ersten Funde menschlicher Fossilien im Jahre 1830 in Engis, Belgien, wo ebenso wie 1848 im Steinbruch Forbes Quarry in Gibraltar ein fossiler Menschenschädel entdeckt wurde. Erst viel später wurden diese Reste als frühe Neandertaler identifiziert. Denn die Zeit war noch nicht reif dafür, eine Abstammung des Menschen aus dem Tierreich anzunehmen, noch immer galt er als Produkt eines isolierten göttlichen Schöpfungsaktes und als seit der Sintflut unverändert. Daher war es selbst für aufgeschlossene Zeitgenossen eine Provokation, als der Wuppertaler Lehrer und Naturforscher Johann Carl Fuhlrott auf der Generalversammlung des

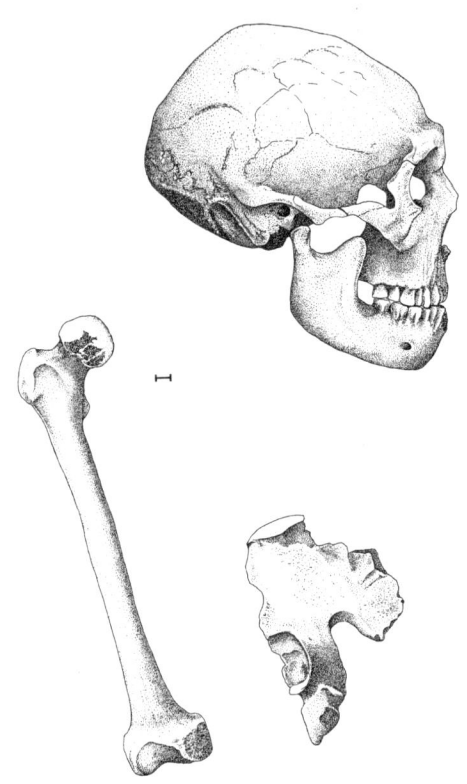

Abb. 13: Neandertaler (*Homo sapiens neanderthalensis*).
oben: Schädel Shanidar 1 aus Kurdistan, Irak (Alter ca. 46 000 J.);
unten: Oberschenkel und Beckenfragment aus dem Neandertal
bei Hochdahl, Kreis Mettmann, Deutschland (Alter ca. 50 000 J.)

Naturhistorischen Vereins der preußischen Rheinlande und Westfalens 1857 – zwei Jahre vor Darwins revolutionärem Werk – vortrug, ein im Jahr zuvor im Neandertal zwischen Düsseldorf und Wuppertal gefundenes Skelett (Abb. 13) sei der Überrest eines frühen Vorfahren des heutigen Menschen, der in der Eiszeit lebte.

Auffällig an dem Fund waren vor allem die starken Überaugenwülste des Schädels samt flacher Stirn und die Dicke der

Knochen, die von Steinbrucharbeitern entdeckt und zunächst für Bärenknochen gehalten worden waren. Das Urteil einiger Fachleute war niederschmetternd: Es handle sich um die Gebeine eines verkrüppelten mongolischen Kosaken, der aus der russischen Armee entflohen und im Neandertal Zuflucht gesucht haben soll. Auch der berühmte Berliner Anatom Rudolf Virchow untersuchte die ca. 50 000 Jahre alten Skelett- und Schädelreste. Da Fuhlrott nicht geneigt war, weiteren „Fachleuten" die Funde zu zeigen, nutzte Virchow eine Abwesenheit Fuhlrotts aus, um sich in dessen Haus einzuschleichen und die Stücke zu untersuchen. Virchow identifizierte die Reste als die eines modernen Menschen und attestierte dem Neandertaler in der Jugend Schläge auf den Kopf und Rachitis im Alter. Diese vernichtende Stellungnahme beendete fast 30 Jahre lang die Diskussion. Erst 1886 begann mit den Skelettfunden von Spy in Belgien, die gemeinsam mit Werkzeugen und Tierknochen in ungestörten Schichten entdeckt wurden, der wissenschaftliche Siegeszug des Neandertalers. Der durch die Funde aus dem Neandertal und Spy umrissene Typ des klassischen Neandertalers wurde bis heute aus zahlreichen Fundstellen Mittel- und Westeuropas (vor allem Frankreich, Belgien, Deutschland, Italien, Slowakei) sowie aus Osteuropa und dem Nahen Osten (vor allem Israel, Usbekistan und Irak (Abb. 13) bekannt (S. 109: Klassische Neandertaler).

Im Jahr 1899 wurde in der Krapina-Höhle, ca. 55 km nördlich von Zagreb, Kroatien, ein menschlicher Backenzahn gefunden, der nur wenige Tage später eine systematische Großgrabung unter Leitung von Dragutin Gorjanovic-Kramberger auslöste. In wenigen Jahren wurden 874 Hominiden-Fragmente geborgen, die zu mindestens 23 Individuen gehören, darunter 4 Schädel, deren Alter ca. 120 000–90 000 Jahre beträgt. Sie werden als frühe Neandertaler eingestuft, die weniger robust gebaut sind als die späteren klassischen Neandertaler. Zu dieser Gruppe gehören wahrscheinlich auch mehrere Schädel- und Unterkiefer-Fragmente, die zwischen 1908 und 1925 bei Weimar-Ehringsdorf in Thüringen geborgen wurden und ein Alter von 200 000–120 000 Jahren aufweisen. Weitere

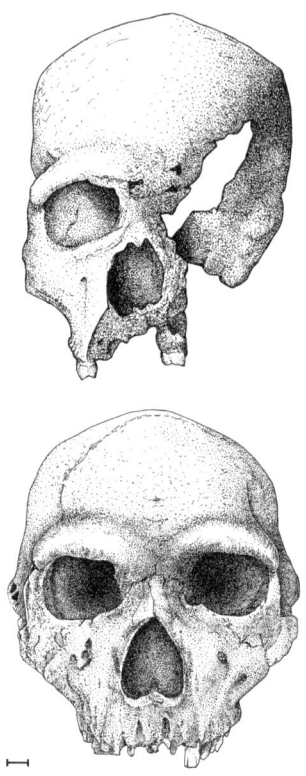

Abb. 14: *Ante*-Neandertaler, früher europäischer *Homo sapiens*
(Homo steinheimensis). oben: Schädel von Steinheim an der Murr,
Deutschland (Alter ca. 250 000 J.); unten: Schädel von Petralona,
Griechenland (Alter ca. 200 000 J.)

bedeutsame Schädel-Funde stammen aus Saccopastore, Italien,
und sind ca. 125 000 Jahre alt. Auch der historische Fund von
1848 aus Gibraltar dürfte dieser Gruppe zuzurechnen sein
(S. 109: Frühe Neandertaler)

Am 24. Juli 1933 wurde in einer Kiesgrube bei Steinheim
an der Murr ein fossiler menschlicher Schädel (Abb. 14) entdeckt, der einen Tag später unter Aufsicht von Fritz Berkhe-
mer von der Württembergischen Naturaliensammlung Stutt-

gart geborgen wurde. Er nannte den Träger dieses Schädels *Homo steinheimensis*, da er ihm trotz ausgeprägter Überaugenwülste zierlicher erschien als die bis dahin bekannten Neandertaler Schädel. Dies führte zu dem heute nicht mehr gültigen Schluß, daß der Steinheimer Mensch trotz seines hohen Alters von ca. 250 000 Jahren ein direkter Vorfahre des modernen Menschen *Homo sapiens sapiens* sei.

Die Lage der wichtigsten Fundstellen für den frühen *Homo sapiens* in Europa und im Nahen Osten stellt sich folgendermaßen dar:

Ante-Neandertaler (*Homo steinheimensis*) in Europa
(ca. 400 000–200 000 Jahre)
Steinheim (Deutschland) (Abb. 14), Swanscombe
(England), Petralona (Griechenland) (Abb. 14),
Vértesszöllös (Ungarn)

Frühe Neandertaler in Europa (ca. 200 000–90 000 Jahre)
Krapina (Kroatien), Weimar-Ehringsdorf (Deutschland),
Saccopastore (Italien), Forbes Quarry (Gibraltar),
Altamura (Italien)

Klassische Neandertaler in Europa und im Nahen Osten
(ca. 90 000–30 000 Jahre)
Neandertal (Abb. 13), Salzgitter-Lebenstedt
(Deutschland), La Chapelle-aux-Saints, La Ferrasie,
La Quina, Le Moustier, St. Césaire (Frankreich), Engis,
La Naulette, Spy (Belgien), Monte Circeo, Archi,
Altamura (Italien), Devils Tower (Gibraltar), Sipka
(Slowakei), Teshik-Tash (Usbekistan), Tabun, Amud,
Kebara (Israel), Shanidar (Abb. 13)(Kurdistan)

Ähnliche Funde, die eine Mischung von Merkmalen des Neandertalers und denen des modernen Menschen zeigen, kamen seit 1935 aus Swanscombe in England und sind ca. 400 000–250 000 Jahre alt. Auch in Petralona, Griechenland, wurde 1960 ein Schädelfragment geborgen, das ca. 300000–250000 Jahre alt ist (Abb. 14). In den Travertinen von Vértesszöllös, nordwestlich von Budapest, wurden 1964 und 1965 ein ca. 350000 Jahre altes Hinterhauptsbein eines Erwachsenen und Zähne eines Kindes gefunden. Heute wird davon ausgegangen, daß diese Hominiden Vorfahren der späteren europäischen Neandertaler und nicht des modernen Menschen waren. Daher werden sie auch als *Ante*-Neandertaler bezeichnet, zunehmend findet sich auch wieder die auf dem ersten Fundstück beruhende Bezeichnung *Homo steinheimensis* (*Ante*-Neandertaler: S. 109)

Merkmale und Lebensweise des frühen *Homo sapiens* in Europa: der Neandertaler

Die frühen Menschen Europas im mittleren *Pleistozän* waren die Vorfahren der Neandertaler *(Homo sapiens neanderthalensis)*. Daran bestehen heute kaum noch Zweifel. Lange Zeit wurde angenommen, daß daneben schon als sogenannte *Praesapiens*-Formen die Vorfahren des modernen Menschen hier existierten. Durch die neuesten Funde und Datierungen aus Afrika steht jedoch heute fest, daß dort bereits die Entwicklung zum modernen *Homo sapiens sapiens* begann (S. 117), als in Europa der Neandertaler entstand.

Die direkten Vorfahren der Neandertaler, die *Ante*-Neandertaler (*Homo steinheimensis*), die vor ca. 400000 Jahren zum ersten Mal auftraten, wirken anatomisch wie eine Mischung aus Neandertalern und modernen Menschen. Sie waren groß; der Größenunterschied zwischen Männern und Frauen war deutlicher ausgeprägt als heute. Möglicherweise handelt es sich bei dem Schädel aus Steinheim (Abb. 14) um den einer Frau und bei dem aus Petralona (Abb. 14) um den eines Mannes. Je jünger die Funde werden, desto stärker nehmen die Neandertaler-Merkmale im Bau des Schädels und des Skeletts zu, bis sich auf dem Weg über die frühen Neandertaler vor ca. 90000 Jahren die klassischen Neandertaler entwickelt hatten.

Die Neandertaler besaßen ein Gehirn, dessen Volumen mit ca. 1600 ccm deutlich über dem Durchschnitt des modernen Menschen liegt. Ihr relatives Hirnvolumen (S. 94), bezogen auf das besonders hohe Körpergewicht der Neandertaler, liegt etwas unter dem des modernen Menschen. Der große Gehirnschädel ist typischerweise lang und abgeflacht, das Hinterhauptsbein nach hinten ausgezogen, die Nase nach vorne verlängert (Abb. 13). Sowohl die Augenhöhlen als auch die Nase sind relativ groß. Während die Schneidezähne hervorragen, sind die Backenzähne relativ klein. In der Körpergröße unterschieden sich die Neandertaler deutlich von ihren größeren Vorfahren, denn sie erreichten im Durchschnitt nur etwa 1,60 m Größe. Allerdings war ihr Gewicht mit durchschnittlich 75 kg ca. 30 % höher als bei modernen Menschen gleicher Größe. Die Neandertaler waren stark gebaut und besaßen besonders dickwandige Knochen. Mit ihren regelrechten Muskelpaketen waren sie um die Hälfte stärker als moderne Menschen. An komplett erhaltenen Skeletten ist zu rekonstruieren, daß ihre Arme unterschiedlich belastet wurden, so daß sie den bevorzugten Arm, zum Beispiel beim Schlagen von Hammersteinen oder beim Speerwerfen, sehr häufig benutzten. Beim modernen Menschen sind solche anatomischen Unterschiede dagegen sehr gering.

Leben in der Eiszeit

Die geringe Körpergröße der Neandertaler gibt einen Hinweis darauf, daß sie in kälteren Klimabereichen lebten als zum Beispiel ihre hochgewachsenen *Homo erectus*-Vorläufer in Afrika (Abb. 11). Durch die Verkleinerung der Körperoberfläche im Verhältnis zum Körpervolumen geht weniger Körperwärme verloren. Ähnliche Verhältnisse finden sich beim modernen Menschen, zum Beispiel unter den in der Kälte lebenden grönländischen Inuit. Die ersten Neandertaler-Funde stammen aus einer relativ warmen Zwischeneiszeit, in der Ulmen- und Eichenwälder vorherrschten und die Tierwelt durch wärmeliebende Formen wie Waldelefant oder Flußpferd geprägt war. Den Höhepunkt ihrer Entwicklung erreichten die

Neandertaler jedoch unter Kaltzeitbedingungen. In den Kaltphasen der Eiszeiten war die Flora zum größten Teil durch eine Tundren- und Steppenvegetation geprägt, die Fauna durch kälteresistente Tiere, wie zum Beispiel Mammut und Wollnashorn gekennzeichnet. Die Durchschnittstemperatur lag ca. 6 Grad unter der heutigen.

Das Leben der Neandertaler der letzten Eiszeit war hart. Die meisten der gefundenen Skelette weisen Verletzungen auf. Die Lebenserwartung lag bei höchstens 40 Jahren, und es herrschte eine sehr hohe Kindersterblickeit. Im Zahnschmelz der Neandertaler finden sich Anzeichen für Unterernährung. In Shanidar, Kurdistan (Abb. 14), wurde das Skelett eines Mannes gefunden, der besonders unter Krankheiten und Verletzungen schwer zu leiden hatte: Auf einem Auge war er durch eine massive Kopfverletzung erblindet, ihm fehlte eine Hand, ein Arm war verkrüppelt, sein linkes Bein war mehrmals gebrochen und wieder verheilt, die Knochensubstanz war verändert. Die Tatsache, daß er trotz dieser schweren Behinderungen lange Zeit überlebte, kann nur damit erklärt werden, daß ihm von Mitgliedern der Gruppe aktive Hilfe und Fürsorge zuteil wurde. So darf vielleicht bei den Neandertalern ein hohes Maß an Mitgefühl und Verantwortungsbewußtsein angenommen werden.

Die Neandertaler der Eiszeit lebten als Jäger und Sammler. Das Mammut spielte eine wichtige Rolle als Rohstoff- und Fleischlieferant. Die Neandertaler verstanden es, die Tiere optimal zu verwerten. Da im subarktischen Klima die Auswahl und Verfügbarkeit an pflanzlicher Nahrung begrenzt waren, war Fleisch das wichtigste Grundnahrungsmittel. Die Knochen wurden aufgeschlagen, um an das Mark und damit an energiereiche Nährstoffe zu gelangen. Das Elfenbein der Mammutstoßzähne bildeten den Rohstoff für Waffen, Geräte, vielleicht auch Schmuck. Da in der Steppenlandschaft das Holz knapp war, wurden Mammutknochen als Brennmaterial verheizt. Wo Mammuts in großer Zahl gejagt wurden, dienten ihre Stoßzähne, die Langknochen und sogar die Schädel als Baumaterial für Hütten aus Mammutknochen.

Den meisten Neandertalern wird eine Steinwerkzeug-Kultur zugeschrieben, die eine sehr viel größere Vielfalt an Formen hervorbrachte und vielseitigere Verwendungsmöglichkeiten bot (Mousterién-Technik) als die alte Acheuléen-Technik der Frühmenschen. So finden sich zum Beispiel nun Schaber, die zum Schneiden geeignet sind, Klingen, Spitzen oder einseitige Messer, obwohl auch Faustkeile immer noch hergestellt und verwendet werden.

Erste Bestattungen

Neandertaler bestatteten ihre Toten und gaben ihnen Grabbeigaben mit. Zum ersten Mal in der langen Geschichte der Menschheitsentwicklung nahm man sich der Verstorbenen an. Da Grabfunde meist einen sehr guten Erhaltungszustand aufweisen, sind bei den Neandertalern im Gegensatz zu früheren Hominiden Verhaltens- und Funktionszusammenhänge in sehr viel komplexerer Weise erforschbar. Daher nimmt die paläoanthropologische Kenntnis mit Erreichen der Neandertaler-Stufe sprunghaft zu. Oft sind die Toten in Kauerstellungen begraben, manchmal finden sich Farben und Ausrüstung oder sogar Proviant für ein Weiterleben nach dem Tod. Eine Art Familienbestattung wurde aus La Ferrasie, Frankreich, bekannt: Eine Frau, ein Mann, ein drei- und ein zehnjähriges Kind sowie das Skelett eines Neugeborenen und eines 6 Monate alten Fötus sind hier vereint. Die Kinder waren mit Ocker bestreut unter kleinen Grabhügeln begraben, andere Gräber waren in Vertiefungen des Felsbodens eingelassen und mit einem Felsblock abgedeckt. In der bereits erwähnten Höhle von Shanidar in Kurdistan (Abb. 14) fanden sich unter und über einem Neandertaler-Skelett Pollen von Heckenrosen, Lichtnelken und Traubenhyazinthen: Der Tote wurde auf einem Bett aus Blüten beigesetzt und mit Blumen bestreut. Möglicherweise deuten die Bestattungen auch den Beginn religiösen Verhaltens an, und es ist nicht völlig auszuschließen, daß die Neandertaler an ein Leben nach dem Tode glaubten.

Die Neandertaler kamen mit den Lebensbedingungen der Eiszeit gut zurecht. Sie jagten Mammute, Wollnashörner, Rehe, Wildpferde, Moschusochsen oder Saigaantilopen, sie verteidigten sich gegen Beutegreifer wie Löwen, Höhlenbären oder Höhlenhyänen, sie schützten sich vor Kälte und lebten in Freilandbehausungen oder in Höhlen, sie beherrschten das Feuer meisterhaft, sie konnten die gesamte Bandbreite an Lauten erzeugen, die wir vom modernen Menschen kennen – hatten also mit Sicherheit eine gut entwickelte Sprache –, sie waren fähig, Gedanken, Erfahrungen und Ratschläge an Gruppenmitglieder der eigenen und der nächsten Generation weiterzugeben, sie sorgten für Alte und Gebrechliche, sie organisierten ihre Gesellschaft. Um so überraschender ist es, daß sich trotzdem keine Überreste finden lassen, die jünger sind als ca. 30 000 Jahre und typische Neandertaler-Merkmale aufweisen – offensichtlich sind die Neandertaler trotz ihrer entwickelten Kultur ausgestorben. Sie wurden abgelöst durch den modernen Menschen, der zur selben Zeit bereits in Afrika entstanden war. Sehr wahrscheinlich jedoch wurden die Neandertaler nicht gewaltsam verdrängt oder gar ausgerottet. Erst nach und nach gewann der moderne Mensch die Überhand.

Der moderne Mensch *(Homo sapiens sapiens)* in Afrika und Europa

Beim Bau der Eisenbahnstrecke von Périgueux nach Agen wurden 1868, als erster weiterer fossiler Beleg für den frühen Menschen 12 Jahre nach dem Fund im Neandertal (S. 106), im Abri von Cro Magnon (Dordogne, Südfrankreich) fünf Skelette freigelegt. Sowohl die Anatomie des Skelettes als auch besonders die Form des Schädels (Abb. 15) unterschieden sich jedoch deutlich vom Neandertaler. Sie gehören zum anatomisch modernen Menschen und sind ca. 25 000 Jahre alt. Noch im 19. Jahrhundert begann sich mit der Fundstelle Cro Magnon die Vorstellung vom Ursprung des ersten modernen

Menschen zu verbinden, für den daher der Name Cro Magnon-Mensch gebräuchlich wurde. Reste des anatomisch modernen Menschen wurden zunächst in Europa (zum Beispiel 1873 bei Grimaldi in Italien, 1885 bei Brünn, Tschechei, 1888 bei Chancelade und 1909 bei Combe-Capelle in Frankreich und 1914 in Oberkassel bei Bonn) und seither auf allen Kontinenten gefunden.

Entscheidend ist für die Interpretation der Entstehung des modernen Menschen aber das Alter der Funde in Afrika. Bereits 1921 wurde in Kabwe (Broken Hill) (Abb. 1) in Zambia ein archaischer *Homo sapiens*-Schädel mit einem Alter von ca. 150 000 Jahren gefunden. Hominiden-Fragmente mit einem Alter von mehr als 200 000 Jahren wurden 1936 durch eine deutsche Expedition unter Leitung von Ludwig Kohl-Larsen am Lake Eyasi, südlich von Laetoli (Abb. 1), geborgen. Aus Saldanha, Südafrika (Abb. 1), wurde 1953 ein Schädel- und Unterfragment beschrieben, das sowohl *Homo erectus*- als auch *Homo sapiens*-Merkmale aufweist und ca. 400 000 Jahre alt ist. Bis in die siebziger Jahre waren allerdings diese Datierungen noch nicht bekannt. Erst nach Bekanntwerden des Alters und nach weiteren sehr alten *Homo sapiens*-Funden in Afrika, zum Beispiel am Lake Ndutu (Abb. 1) westlich von Olduvai Gorge, oder des 1976 gefundenen Teilschädels von Bodo, Äthiopien (Abb. 1), änderte sich die Interpretation der Entstehung des modernen Menschen drastisch. Nun wurde klar, daß die ältesten Funde des *Homo sapiens sapiens* nicht aus Europa stammten, sondern aus Afrika. In nachfolgenden Untersuchungen von Chris Stringer, London, und von Günther Bräuer, Hamburg, wurden auch frühere Funde, zum Beispiel aus Klasies River Mouth, Border Cave und Makapansgat (Cave of Hearths), Südafrika (Abb. 1), sowie aus Salé und Jebel Irhou in Marokko (Abb. 1) in ein einheitliches Entwicklungsmodell des *Homo sapiens* einbezogen. Danach ergeben sich hier in Afrika drei Entwicklungsstufen zum modernen Menschen, die aufgrund der Schädelmerkmale voneinander zu trennen sind:

Früher archaischer *Homo sapiens* (ca. 500–200 000 Jahre): Kabwe (Zambia), Saldanha (Südafrika), Ndutu, Eyasi (Tanzania), Bodo (Äthiopien), Salé (Marocco)

Später archaischer *Homo sapiens* (ca. 200–100 000 Jahre): Florisbad (Südafrika), Omo/Kibish (Äthiopien), Eliye Springs (West Turkana, Kenya), Laetoli (Tanzania), Jebel Irhoud (Marocco)

Moderner *Homo sapiens sapiens* (seit etwa 100 000 Jahren): Border Cave (Südafrika), Klasies River Mouth, Omo/Kibish (Äthiopien)

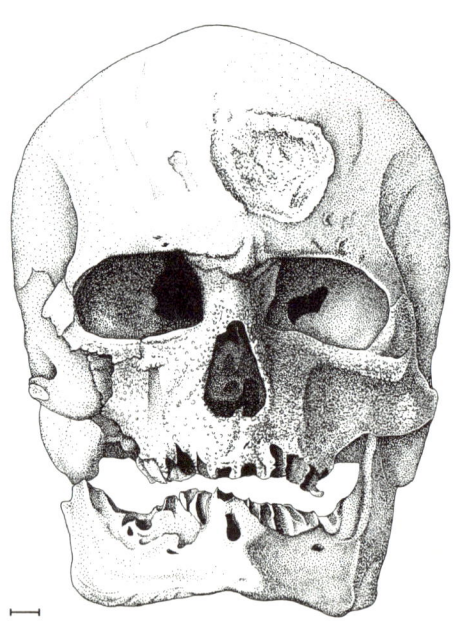

Abb. 15: europäischer moderner *Homo sapiens sapiens*. Schädel Cro-Magnon 1 aus Les Eyzies, Dordogne, Frankreich (Alter ca. 25 000 J.)

Im Gegensatz zum frühen archaischen *Homo sapiens*, der recht robust gebaut war, zeigte der späte archaische *Homo sapiens* nur noch Überaugenwülste als Reminiszenz an *Homo erectus*. Der moderne *Homo sapiens* Afrikas ist von den in Europa seit ca. 35 000 Jahren bekannten Formen nicht zu unterscheiden. In Afrika sind die ältesten gut untersuchten Fundstellen des modernen Menschen mindestens 100 000 Jahre alt. Aufgrund neuer Ausgrabungen in den Klasies River Mouth Höhlen zwischen Kapstadt und Port Elizabeth in Südafrika unter Leitung von Hillary Deacon und in der Border Cave durch Peter Beaumont wird sogar ein Alter von 120 000 für das erste Erscheinen des modernen Menschen in Afrika für wahrscheinlich gehalten. Ein fast vollständiger Schädel aus Omo/Kibish ist möglicherweise vielleicht sogar 130 000 Jahre alt.

Die wahrscheinlichste Erklärung – auch gestützt durch molekulargenetische Untersuchungen an der DNS heutiger Menschen – ist, daß auch der moderne *Homo sapiens sapiens* in Afrika entstanden ist. Von hier aus breitete er sich über die ganze Welt aus: In Asien sind die frühesten modernen Menschen, die in Borneo und in China gefunden wurden, ca. 40 000 Jahre alt. Ein ebenfalls diskutierter multiregionaler Ursprung der modernen Menschen an verschiedenen Stellen erscheint eher unwahrscheinlich. Vor mindestens 30 000 Jahren lebte *Homo sapiens sapiens* in Australien, neueste Funde lassen aber vermuten, daß eine erste Besiedlung schon sehr viel früher stattfand. Über die Beringstraße gelangte der moderne Mensch wahrscheinlich schon vor 30 000 Jahren auch auf den amerikanischen Kontinent.

Koexistenz von Neandertaler und modernem Menschen
Reste des modernen Menschen fand man 1931 in Skhul, einer Höhle bei Haifa, kurz darauf am Djebel Kafzeh bei Nazareth. In unmittelbarer Nachbarschaft von Skhul in der Höhle von Tabun und in Kebara wurden jedoch Neandertaler-Reste ergraben. Neuere exakte absolute Datierungen ergaben, daß die Besiedlungen durch die verschiedenen Hominidengruppen

nicht etwa nacheinander, sondern gleichzeitig stattfanden. Hieraus lassen sich weitgehende Schlußfolgerungen ziehen: Der moderne Mensch stieß vor ungefähr 100 000 Jahren aus Afrika in das Gebiet des Nahen Ostens vor. Auf dem Höhepunkt seiner Entwicklung erreichte einige Zeit später auch der Neandertaler von Norden her denselben Lebensraum. Keineswegs führte diese Überlappung der Ausbreitungsgebiete zu einem Kampf auf Leben und Tod. Im Gegenteil, fast 50 000 Jahre lang besiedelten Neandertaler und moderne Menschen gemeinsam dasselbe Gebiet. Auch nach dem weiteren Vordringen des modernen Menschen in Europa dürfte dieser einige tausend Jahre neben den Neandertalern gelebt haben. Es ist durchaus vorstellbar, daß die Neandertaler von den modernen Menschen lernten. Hinweise dafür ergeben sich beispielsweise aus der Vermischung der Moustérien- und der für den modernen Menschen typischen, komplizierteren Aurignacién-Werkzeugkultur an der Neandertaler-Fundstelle von Saint Césare in Frankreich.

Nicht nur in der Werkzeugtechnik waren die modernen, aus Afrika eingewanderten Menschen den Neandertalern überlegen. Sie konnten vor allem die Ressourcen der Umwelt besser nutzen, ihre Form der sozialen Organisation war höher, sie entwickelten tradierte Sitten und Gebräuche, ihr Skelett- und Muskelbau war weniger energieaufwendig, die Kindersterblichkeit war niedriger, insgesamt lebten sie weniger gefahrvoll, erreichten ein höheres Alter und waren fruchtbarer. Die modernen Menschen vermehrten sich daher sehr viel stärker als die Neandertaler, die in ungünstigere Lebensräume abgedrängt wurden oder sich dorthin zurückzogen. Diesem zunehmenden Druck waren die Neandertaler auf Dauer nicht gewachsen, sie starben schließlich langsam aus. Möglicherweise fanden auch verschiedentlich Vermischungen statt, wobei sich die anatomischen Merkmale des erfolgreicheren modernen Menschen durchsetzten, der sich schließlich weiter ausbreitete. Hierbei wurden erst vor wenigen 10 000 Jahren, als die Menschen in nördlichere Gebiete mit geringerer Sonneneinstrahlung einwanderten, die dunklen Pigmente in der

Haut des in Afrika entstandenen modernen Menschen reduziert, die bis dahin einen notwendigen Schutz gegen hohe UV-Strahlung gewährleisteten.

Der urgeschichtliche Homo sapiens sapiens

Auch für diese modernen Menschen, die vor ca. 40 000 Jahren bis nach Mitteleuropa vorgedrungen waren, war zunächst das Klima der letzten Eiszeit ein ernstzunehmender Faktor. Sie lebten nicht in Höhlen, die jedoch als Kultstätten dienten, sondern siedelten in deren Eingangsbereichen. Verbreitet waren jedoch auch Zeltbauten, die aus Tierfellen, gestützt von Pfählen, hergestellt wurden. Nur eine wetterfeste und wärmende Kleidung garantierte das Überleben. Felle von Mammuten wurden sowohl für die Kleidung als auch für die Bedachung von Zeltbehausungen benutzt. Mit Steinschabern reinigte man das abgezogene Fell und gerbte es anschließend. Mit Pfriemen aus Knochenspänen wurden Löcher vorgestochen, um Lederstreifen oder Fäden aus Tiersehnen durchzuziehen. So ließen sich einfache, aber zweckmäßige Hosen und Jacken anfertigen.

Die Altsteinzeit ging mit dem Ausklang der letzten Eiszeit vor etwas mehr als 10 000 Jahren ihrem Ende entgegen. In zunehmend rascherer Folge wurde die Werkzeugtechnik. Das Aurignacién bis vor 28 000 Jahren brachte neben Messern, Schabern und Grabstichel aus Feuersteinen auch Speere, Pfeil und Bogen, Werkzeuge und Waffen aus Holz und Rentiergeweihen hervor. In der Periode des Gravettién (28 000–22 000 Jahre) wurden lange Feuerstein-Speerspitzen an hölzernen Schäften befestigt, im Solutréen (22 000–18 000 Jahre) fand die Technik der Feuerstein-Bearbeitung schließlich ihren Höhepunkt. Die Erfindung der Knochennadel mit einer Öse für dünne Fäden war so erfolgreich wie kein anderes Werkzeug aus dieser Zeit: Es blieb die folgenden 20 000 Jahre praktisch unverändert. Aus der Zeit des Magdalénien (18 000–11 500 Jahre) stammen nicht nur Speerschleudern von großer Treffsicherheit und Reichweite, sondern auch Kunstobjekte von großer Eleganz. Erst vor wenigen tausend Jahren, in der nacheiszeitlichen Phase des *Holozän*, werden die seit 2,5 Millionen Jahren unübertroffenen Steinwerkzeuge verdrängt: Die Erfindung der Metallbearbeitung führt zu neuen technischen Revolutionen.

Mit dem modernen Menschen entsteht die Kunst. Gab es auch bei *Homo erectus* schon kunstvoll gearbeitete Steinwerkzeuge, so gewinnt der künstlerische Ausdruck mit *Homo sapiens sapiens* eine eigene Qualität, die zuvor, auch bei Neandertalern, nicht zu beobachten ist. Die älteste bekannte Ansammlung von Kleinkunstwerken einheitlichen Stils stammt aus dem Aurignacién der Höhlen Vogelherd und Geißenklösterle auf der Schwäbischen Alb. Ebenso alt, ca. 30 000 Jahre, sind Höhlenmalereien aus der Chivet-Höhle in Frankreich. Tierdarstellungen in der Kunst der frühen modernen Menschen zeigen, daß diese hervorragende Naturbeobachter waren. Mit der Kunst entsteht auch die Liebe zum Schmuck. Aus allen Kulturen der jüngeren Steinzeit sind perforierte Muschelschalen bekannt, die wahrscheinlich als Schmuckanhänger benutzt wurden. Sie wurden durch Herumreisende weit ins Landesinnere transportiert, genauso wie neue Ideen, Mythen, Kunst und Musik. Die zunehmende Mobilität des modernen Menschen förderte nicht nur die weite Verbreitung seiner Kultur, sondern vor allem auch ihre Einheitlichkeit.

So ist der Weg zum *Homo sapiens sapiens* bis heute geprägt durch ein vielfältiges Beziehungsgeflecht unterschiedlich vernetzter Faktoren. Auch die in den Jahrmillionen der Frühzeit des Menschen erfolgten Veränderungen unterlagen im Verlauf der biologischen und kulturellen Evolution dem Einfluß verschiedener, sich gegenseitig bedingender und manchmal rückkoppelnder Faktoren. Daher ist auch eine scharfe Abgrenzung des Menschen gegenüber dem Tierreich genausowenig möglich wie eine präzise Antwort auf die Frage, ab wann die Primaten als Menschen bezeichnet werden können. Wie in den einzelnen Kapiteln dieses Buches dargestellt, verläuft die Entwicklung des Menschen weder zielgerichtet noch zeitlich in allen Merkmalen synchronisiert. Fast alle Evolutionsmerkmale des Menschen, wie Werkzeugkultur, Kommu-

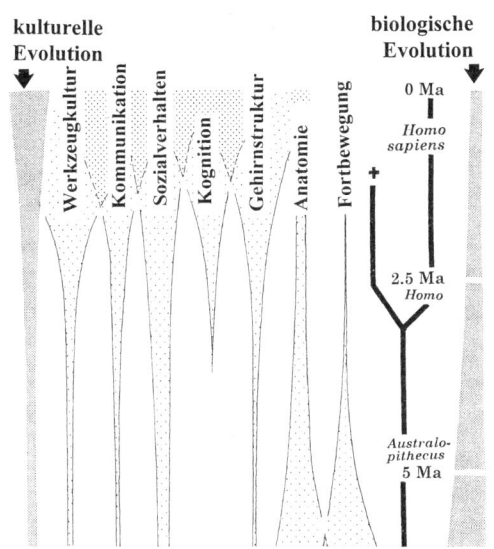

Abb. 16: Wichtige Evolutionsmerkmale des Menschen.
Die Breite der Pfeiler entspricht dem Ausmaß der Veränderungen
der Merkmale während der letzten 5 Millionen Jahre.

nikation, Sozialverhalten, Gehirnstruktur und Körperbaus,
sind in irgendeiner Form schon bei seinen Primaten-Vor-
gängern angelegt (Abb. 16). Während aber die Faktoren der
biologischen Evolution langsam an Bedeutung abnehmen,
steigt die Zahl der Entwicklungsfortschritte bei der kulturellen Evolution stetig an (Abb. 16). Bei *Homo sapiens*, also
beim Neandertaler ebenso wie beim modernen Menschen,
beginnt sich ein Überlappungs- und Synergie-Effekt unterschiedlicher Faktoren biologischer und kultureller Evolution
auszuwirken. Erst dadurch und mit gleichzeitiger Erhöhung
der sozialen Organisation wird eine neue Qualität des Lebens
im Tierreich erreicht. Jetzt erst kann schließlich entstehen,
was oft als Charakteristikum des Menschen angesehen wird:
menschliche Kognition und Bewußtsein.

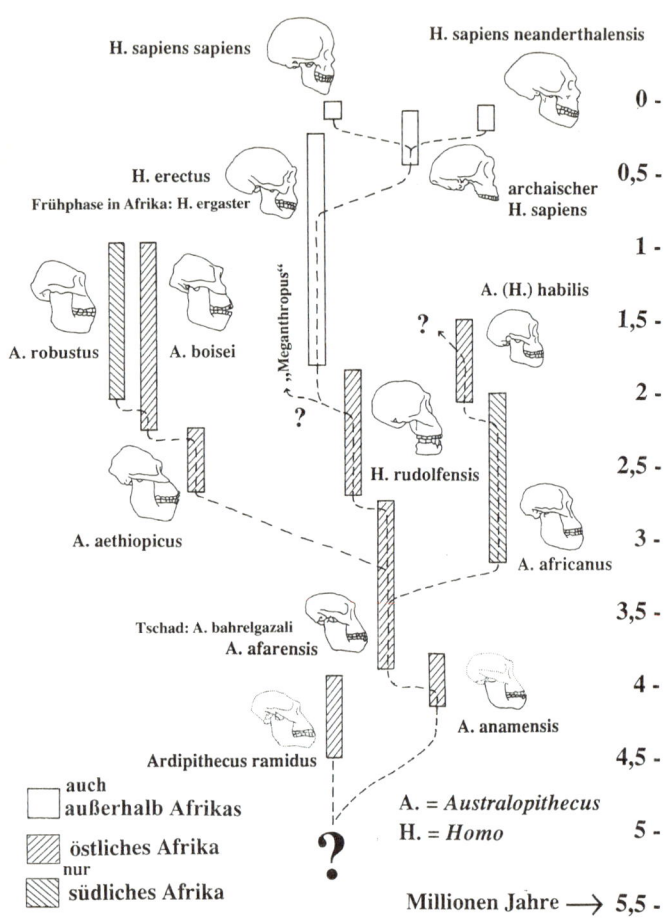

Abb. 17: Stammbaumbaum-Hypothese zur Evolution des Menschen
unter Berücksichtigung klima- und biogeographischer Überlegungen
aufgrund der gegenwärtigen Fundlage

Danksagung

Dank gebührt meinen afrikanischen Freunden, die in 15 Jahren der Zusammenarbeit ihr einzigartiges kulturelles Erbe und ihr Leben mit mir teilten. Yusuf Juwayeyi, Samson Kanyika, James Kitching, Meave Leakey, Judy Maguire, Gladson Mwashunguti, Abel T. Nkini, Charles Saanane, Harrison Simfukwe und Phillip Tobias stehen für alle, die ihre Heimat zu meiner machten.

Mit meinem Freund und Kollegen Tim Bromage, New York, verbindet mich ein ebenso langer Zeitraum erfolgreicher Suche nach den Wurzeln der Menschheit in Malawi und Tanzania.

Ohne die Förderung durch die *National Geographic Society*, Washington, hätten Projekte nicht entwickelt, ohne die Finanzierung durch die Deutsche Forschungsgcmeinschaft, Bonn, nicht durchgeführt und ohne die Unterstützung der Wenner Gren Foundation, New York, nicht interdisziplinär zur Diskussion gestellt werden können.

Die Zeichnungen in diesem Band verdanke ich Claudia Schnubel (Abb. 2–5, 7–11 und 14–16) und Marisa Blume (Abb. 1 und 17). Zum Gelingen dieses Bändchens haben ebenso beigetragen Gesine Bachmann, Silke Keim und Stephanie Müller. Allen sei herzlich gedankt.

URAHA
STIFTUNG

Die Wiege der Menschen war Afrika. Hier vollzog sich im Laufe einer über fünf Millionen Jahre währenden Phase der Evolution die Entwicklung der Vor- und Urmenschen bis hin zu den ersten modernen Menschen.

Die URAHA-Stiftung trägt durch die Förderung wissenschaftlicher Projekte wie etwa Grabungen dazu bei, weitere Kenntnisse über die Ursprünge des Menschen zu gewinnen.

Ein wesentliches Element ist dabei die gezielte Unterstützung von Wissenschaftlern afrikanischer Länder. Damit fördert die URAHA-Stiftung Beiträge zu Bemühungen um Pflege und Bewahrung des einzigartigen natürlichen und kulturellen Erbes der Entwicklungsgeschichte des Menschen auf dem afrikanischen Kontinent.

Ein wichtiges Ziel der URAHA-Stiftung ist es, das Bewußtsein für die Notwendigkeit derartiger Forschungen – nicht nur in Afrika zu erhöhen.

Weitere Informationen über die Arbeit der Stiftung können Sie unter folgender Anschrift erhalten:

URAHA-Stiftung,
Friedensplatz 1
64283 Darmstadt
Tel.: 06151/165774
Fax: 06151/28942

Hinweise auf weiterführende Literatur

Übersichtswerke

Brace C. L., Nelson H., Korn N. & Brace M. L. 1979. Atlas of human evolution. Holt, Rinehart and Winston, Ed. 2 (Abbildungen der wichtigsten Hominiden-Funde)

Campbell B. G. 1988. Humankind emerging. Little, Brown and Company, Boston, Ed. 5. (Anschauliche Darstellung der Evoluion des Menschen)

Klein R. G. 1989. The human career: human biological and cultural origins, Chicago: University of Chicago Press. (Hervorragende, zusammenfassende Darstellung)

Leakey R. E. 1994. The origin of humankind, New York: Basic Books.

Leakey, R. & Lewin, R. 1993. Der Ursprung des Menschen. Frankfurt S. Fischer) [Originaltitel: Origins Reconsidered. (Doubleday)].

Lewin R. 1987. Bones of contention: controversies in the search for human origins, New York: Simon and Schuster. (Geschichte der Paläoanthropologie)

Reader J. 1981. Missing links: the hunt for earliest man, Boston, MA: Little, Brown. (Geschichte der Paläoanthropologie mit vielen exzellenten Fotos)

Streit, B. (Hrsg.) 1995. Evolution des Menschen. Heidelberg (Spektrum Akademischer Verlag). (Gute Zusammenstellung von Beiträgen aus Spektrum der Wissenschaft)

Tattersall I. 1995. The fossil trail: how we know what we think we know about human evolution, Oxford, NY: Oxford University Press. (Geschichte und Erfolge der Paläoanthropologie)

Ursprung der Hominiden

Pilbeam, D. 1984. Die Abstammung von Hominoiden und Hominiden. – Spektrum der Wissenschaft Mai 1984.

Australopithecus

Coppens, Y. 1994. Geotektonik. Klima und der Ursprung des Menschen. – Spektrum der Wissenschaft Dezember 1994: 64–71.

Dart R. A. 1925. Australopithecus africanus: the man-ape of South Africa. – Nature 115: 195–199. (Entdeckung des *Taung-Babys*)

Johanson D. C. & Edey M. A. 1981. Lucy: the beginnings of humankind, New York: Simon and Schuster. (Entdeckung und Interpretation von *Australopithecus afarensis*)

Leakey L. S. B. 1959. A new fossil skull from Olduvai. Nature 184: 491–493. (Entdeckung des *Zinjanthropus boisei*)

Leakey, M. D. & Hay, R. L. 1979. Pliocene footprints in the Laetoli Beds, northern Tanzania. – Nature 278: 317–323. (Entdeckung der Fußabdrücke von Laetoli)

Ursprung der Gattung *Homo*

Johanson, D. & Shreeve, J. 1989. Lucys Kind. München, Zürich [Originaltitel: Lucy's Child. New York (William Morrow)]. (Entdeckung von OH 62)

Leakey L. S. B., Tobias P. V. & Napier J. R. 1964. A new species of the genus Homo from Olduvai gorge. Nature 202: 7–10. (Erste Beschreibung von *Homo habilis*)

Wood B.A. 1992. Origin and evolution of the genus *Homo*. Nature 355:783–790. (Übersichtsartikel zu *Homo habilis*/*Homo rudolfensis*)

Homo erectus

Dubois, E. 1894. Pithecanthropus erectus. Eine menschliche Uebergangsform aus Java. – 40 S. Batavia (Landesdruckerei). (Entdeckung des *Pithecanthropus* von Java)

Jia L. & Huang W. 1990. The story of Peking man, Beijing: Foreign Languages Press.

Leakey R.E. & Walker A.C. 1985. *Homo erectus* unearthed. National Geographic 168(5): 624–629. (Entdeckung des *Turkana Boys*)

Homo sapiens

Cavalli-Sforza, L. L. 1992. Stammbäume von Völkern und Sprachen. – Spektrum der Wissenschaft Januar 1992.

Stringer, C. B. 1991. Die Herkunft des anatomisch modernen Menschen. – Spektrum der Wissenschaft Februar 1991.

Trinkaus, E. (Hrsg.) 1989. The Emergence of Modern Humans. Cambridge (University Press).

Wilson, A. C. & Cann, R.L. 1992. Afrikanischer Ursprung des modernen Menschen. – Spektrum der Wissenschaft Juni 1992.

Trinkaus, E. & Shipman, P. 1993. Die Neanderthaler – Spiegel der Menschheit. München (Bertelsmann) [Originaltitel: The Neanderthals – changing the image of mankind. (Alfred Knopf) 1993].

Register